Delight in Knowledge

编辑在撰写选题策划案时，总是任由想法天马行空地奔驰，
而作者进行创作时，却是绞尽脑汁的累。

感谢参与落实创意的每一位手作人，
因为你们无私的分享，
才让本书的呈现更加丰富、完美！

25款预约幸福的手作

布手账、收纳袋、针线包、工具包

小白　著

河南科学技术出版社
·郑州·

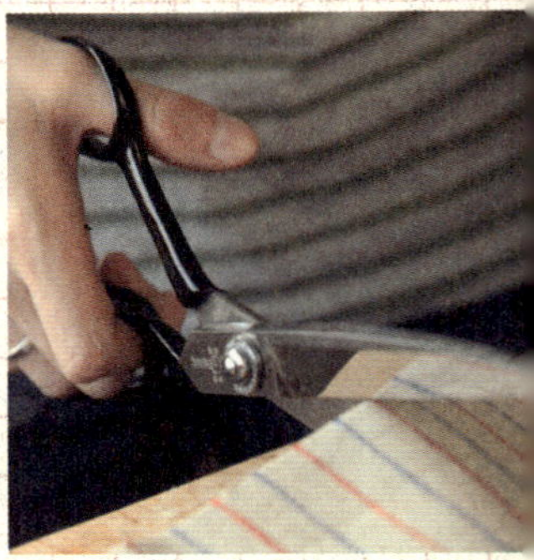

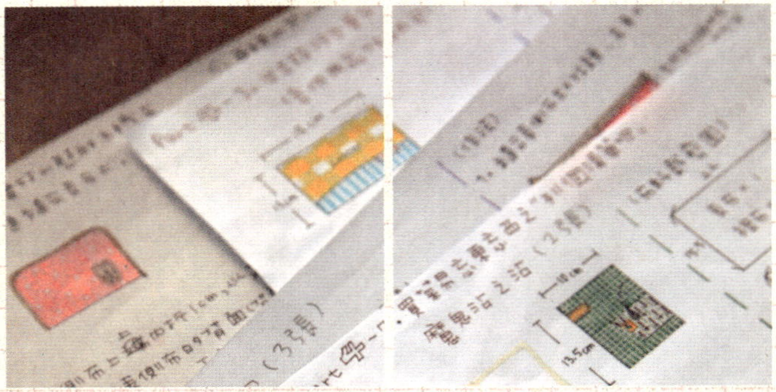

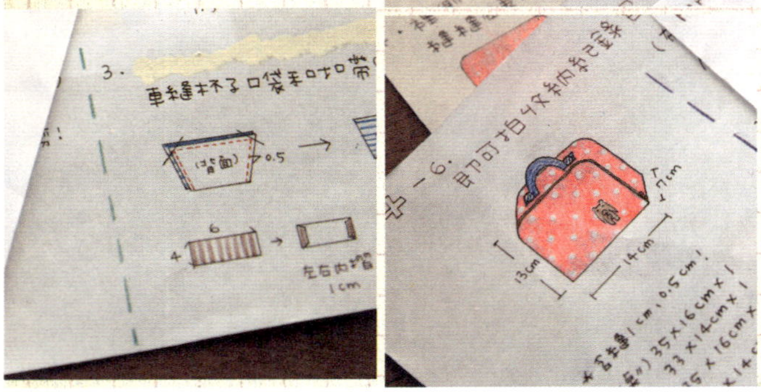

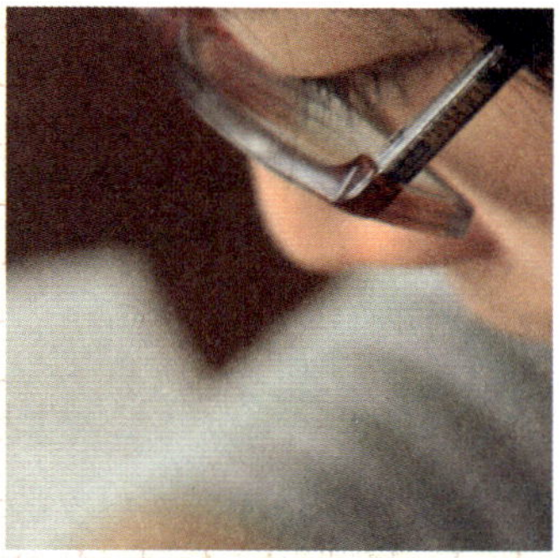

序

当我的第一本手作书即将出版时，我正想休个长假好好放松一下，顺便让脑袋充充电，此时又接到了一份出版社的选题策划案，让我又喜又忧。喜的是我得到了大家的肯定；忧的是我才掏空了脑细胞，尚未补充能量和原料。后来，出版社同意给我充电的时间，把出版计划延后两三个月执行，于是我接受了这个挑战。

我不希望大家只依样画葫芦，而是希望大家能够借由本书激发出不同的创意，让针线包、工具包和收纳袋个个都与众不同。临摹虽然是学习的必经过程，但若能加入一些自己的巧思和创意，就会让作品更有个性；灵感不一定来自于手作书，生活中的小细节也是激发灵感的重要因素。

在本书作品的创作过程中，我也曾遇到过很多挫折。当灵感枯竭、思绪阻塞的时候，朋友们的支持和鼓励是我继续前行的动力。另外，为了让大家有全新的视觉感受，我尝试绘制彩色步骤图。虽然没有什么绘画底子，不过，就像当初自学手作一样，一笔一画都是时间与努力的结晶，希望读者可以通过这些彩色步骤图，更快地掌握制作方法。

最后要感谢哈利，谢谢他用不同的摄影技法和角度来拍摄小白的作品，让这本书更漂亮。

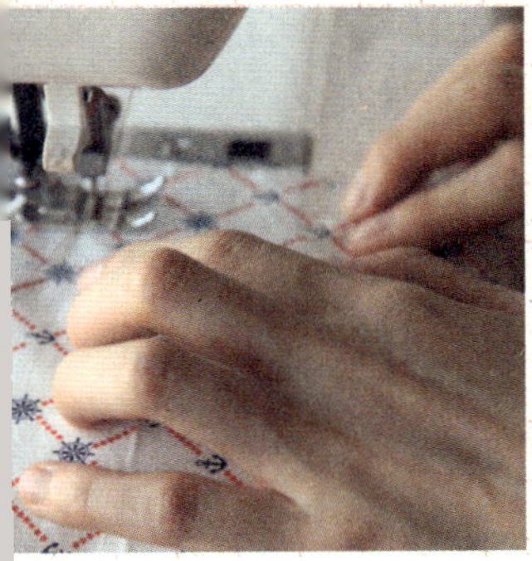

偏爱点点、条纹和格子的小白

CONTENTS

PART 1 随身针线包

穿针引线——**日式线装书针线包**……p9

疯狂爱上湖水蓝——**方正针线包**……p13

外冷内热——**小熊针线挂包**……p16

我不是茶包——**红格子针线包**……p18

来自巴黎的礼物——**回忆漩涡针线包**……p20

温暖的家——**信封袋针线包**……p24

偶尔来点花布点缀——**复古碎花针线包**……p26

PART 2 手作工具包

半圆形拉链袋——**钩针收纳包**……p30

皮尺背带——**大容量手作工具包**……p32

魔鬼毡也可以外露——**若草圈圈手作工具袋**……p36

偶尔也要滚个边——**海军风手作工具收纳包**……p38

大家排排站——**绣线收纳包**……p40

大家都有窝——**棉麻手作工具包**……p42

PART 3 幸福布手账

来年也要支持masaeshiro——**粉红棉麻布手账**……p46

插画、照片随时欣赏——**窗户相框布手账**……p48

手作资料看得见——**飞行猫布手账**……p50

秋意浓——**格纹布手账**……p52

礼物风包装——**苹果绿水玉布手账**……p54

PART 4 创意收纳袋

不要忘了伙伴（刀片、削笔刀）——**36色彩色铅笔的家**……p58

交换名片——**拜访客户包**……p60

出去旅行也要写明信片——**信件用品收纳包**……p62

设计师是小草——**千鸟格文具收纳包**……p64

走到哪喝到哪——**随身茶包收纳袋**……p66

小白帮小白做衣服——**立可拍收纳记录包**……p68

买菜易忘东忘西——**魔鬼毡购物清单**……p70

制作方法……p72

PART

随身针线包

1

穿针引线——

日式线装书针线包

有一天，我在书柜前翻阅书籍寻找灵感，无意间看到了日式线装书的介绍，刹那间，迷你线装针线包的样子便清楚地浮现在脑海中。

从着手制作到这款作品完成的时间也非常之短。

制作方法 p74

简单的扣子，普通的小碎布，只要变换一下位置，就可以让封底变得与众不同。

剪刀也该有它的专属位置。

在木制咖啡搅拌棒上贴上纸胶带，就成了一支好看又好用的线轴棒。

各式各样的扣子是针线包中不可或缺的美丽风景。

海军风条纹布针插。

缎带也可以这样收纳。

用剩余的小碎布做成包扣，既实用又漂亮。

方正针线包

疯狂爱上湖水蓝——

蓝色是我特别钟爱的颜色之一。对我而言，不管是海军蓝、天空蓝、湖水蓝、薄荷蓝还是灰蓝，都散发出一种迷人的风采。最近，我发现布柜里有几块颜色相近的湖水蓝布料，它们分别购自不同的时期，质感也各有差异，但都同样吸引我。于是，就有了这款针线包。

制作方法 p76

扣子也都是格纹的。

选用不易毛边的绒布，就
不用处理布边了。

用不织布做成的简易小
口袋。

手绘风的格纹，讨
喜又耐看。

J'espère que demain
sera enoore
meilleur

多加一层不织布，以
保护手不被针扎到。

没有盖子的小口袋，
用来收纳刚刚好。

可爱的拉链环，让人忍
不住多看一眼。

缝份圈、拆线器和皮
尺通通放进来，一样
也不少！

复古的绿色小剪刀，
与湖蓝色的底布相映
成趣。

外冷内热——

小熊针线挂包

这本书中的大部分作品都是在非常顺利的情况下完成的，当然也有连续几天不断地画稿、缝制，却连一个作品都完成不了的情况。这时，我会通过阅读绘本来舒解压力，这件作品的灵感便来自卡通小熊。

小熊吊带也是收纳扣子、
别针的好地方。

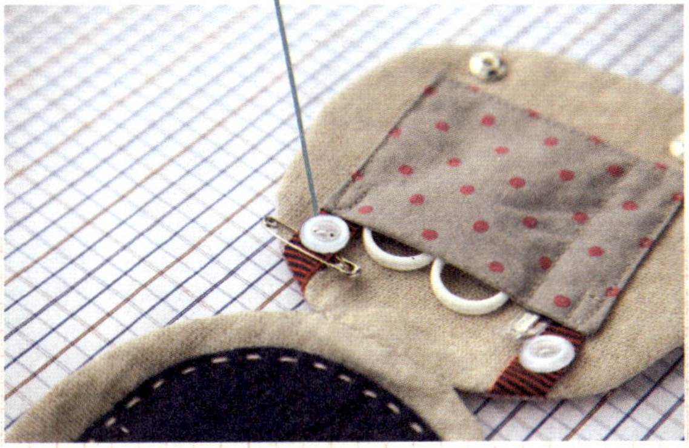

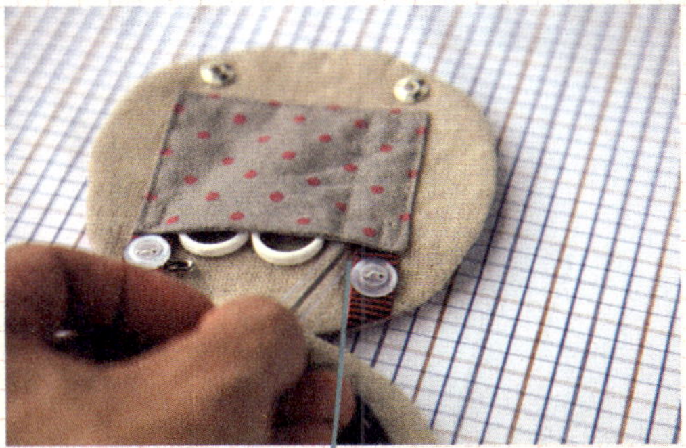

将针放在塑料袋里，
再置于旁边的小口袋中，
这样就不会刺伤手了。

制作方法 p78

我不是茶包——

红格子针线包

面包和咖啡是我喜欢的早餐搭配。有一天早晨，突然发现咖啡没了，于是就随手拿了茶包泡茶喝。边喝茶边端详茶包袋，灵机一动就有了这个好点子。

设计了中间夹层，可以收纳更多小物品。

以卷针缝营造出茶包袋的压质感。

来自巴黎的礼物——

回忆漩涡针线包

去年五月，两位好友从法国到台湾度假，住在我家，给我带了几块从巴黎买的布。我可以想象她们在布店挑选布料的画面。于是，我将这块布与在台湾买的深蓝帆布和在日本买的橘色棉麻布搭配在一起，制成这款独一无二的美丽针线包。

看着它，我就会想起和她们一起度过的那段美好时光。

制作方法 p82

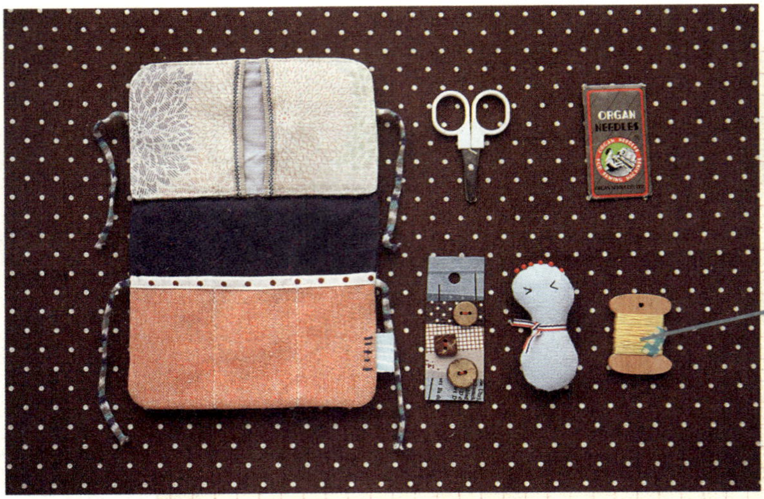

别看它扁扁小小的，
收纳的东西可多了。

藏有一把迷你剪
刀哦！

自制纽扣收纳纸板，是不
是风格独具呢？

插上珠针后，它是不是更漂亮了？

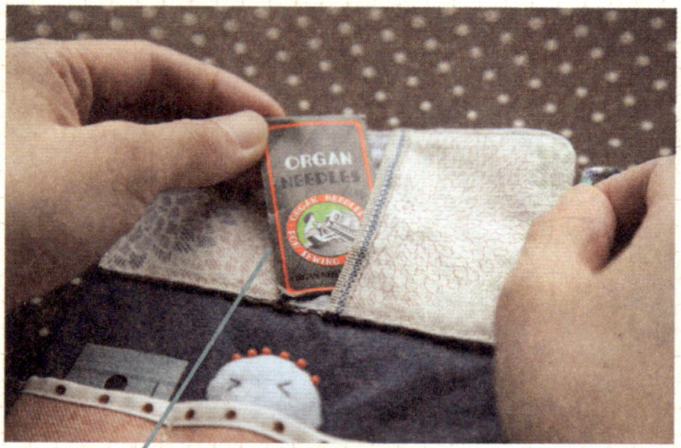

备好各种型号的针，随时使用，不会因断针而影响缝纫时的好心情。

手缝点缀，让平凡的针线包不平凡。

温暖的家——

信封袋针线包

我喜欢收到信后的幸福感觉。如果在心情烦闷或工作不顺利的时候，恰好收到朋友寄来的明信片或信件，总能让我如获甘霖般欣喜不已，动力也会随之提升。

动手给久违的朋友写封信吧，他人开心，自己会更开心。

打开信封，里面是一栋
温暖又可爱的小房子。

用不织布和纸胶带做
出窗户造型的针插。

蓝白细条纹，是我钟爱
的布款。

扣子排排站在亚麻缎
带上，是收纳，也是
装饰。

制作方法 p84

复古碎花针线包

偶尔来点花布点缀——

了解我的朋友应该都知道我不喜欢花布，布柜里的花布数量屈指可数。因为我的个性并不是很女生，应该说带点男孩的特质。还记得大学时我剪了所谓的“男生头”，打扮十足的男孩风，坚持不穿裙子。

现在，虽然衣着和心态上有了些许改变，但仍然觉得小碎花和蕾丝（局部点缀可以接受）跟我不是很搭配。

当初订购这块碎花布，是因为它呈现出一股吸引人的怀旧复古味，加上是我喜欢的黄色，就这样，它为我的布柜增添了美丽色彩。

手缝上粗毛线，装饰效果非常好。

材料和工具的位置，可根据个人喜好随意调整。

故意留下的袋口，正好可以用来收纳迷你纸型。

布标也可以拿来当做针插小口袋。

制作方法 p86

5
5

PART

手作工具包

2

钩针收纳包

——半圆形拉链袋

我在日本念书时，曾到老师的工作室上过一堂基础钩针课，课后在宿舍努力练习基本花朵的钩法。看到身旁熟练钩着室内拖的室友，不由得幻想着，不久的将来自己也可以达到如此熟练的程度。然而，蜡烛两头烧的忙碌生活，让我根本没有时间好好练习。回到台北后，钩针仍旧躺在袋里，没有再被使用过……希望接下来能有时间好好练习。

相较于表面颜色的鲜艳大胆，内里淡黄和浅蓝的搭配，给人一种不一样的视觉效果。

编织图样可以收纳在内口袋中。

随身携带几把钩针，随时随地都能把你的灵感编织出来。

制作方法 p87

皮尺背带——

大容量手作工具包

皮尺图样的缎带很受欢迎，只要一小段就能让作品增色不少。如果善加利用真正的皮尺，也能产生画龙点睛的效果。我在制作这款工具包的过程中，制作包带时正好看到了挂在一旁的皮尺，于是萌生了这个好点子。

虽然不得不再买一条新皮尺，但看到这款别样的皮尺背带，还是觉得这么做是值得的。

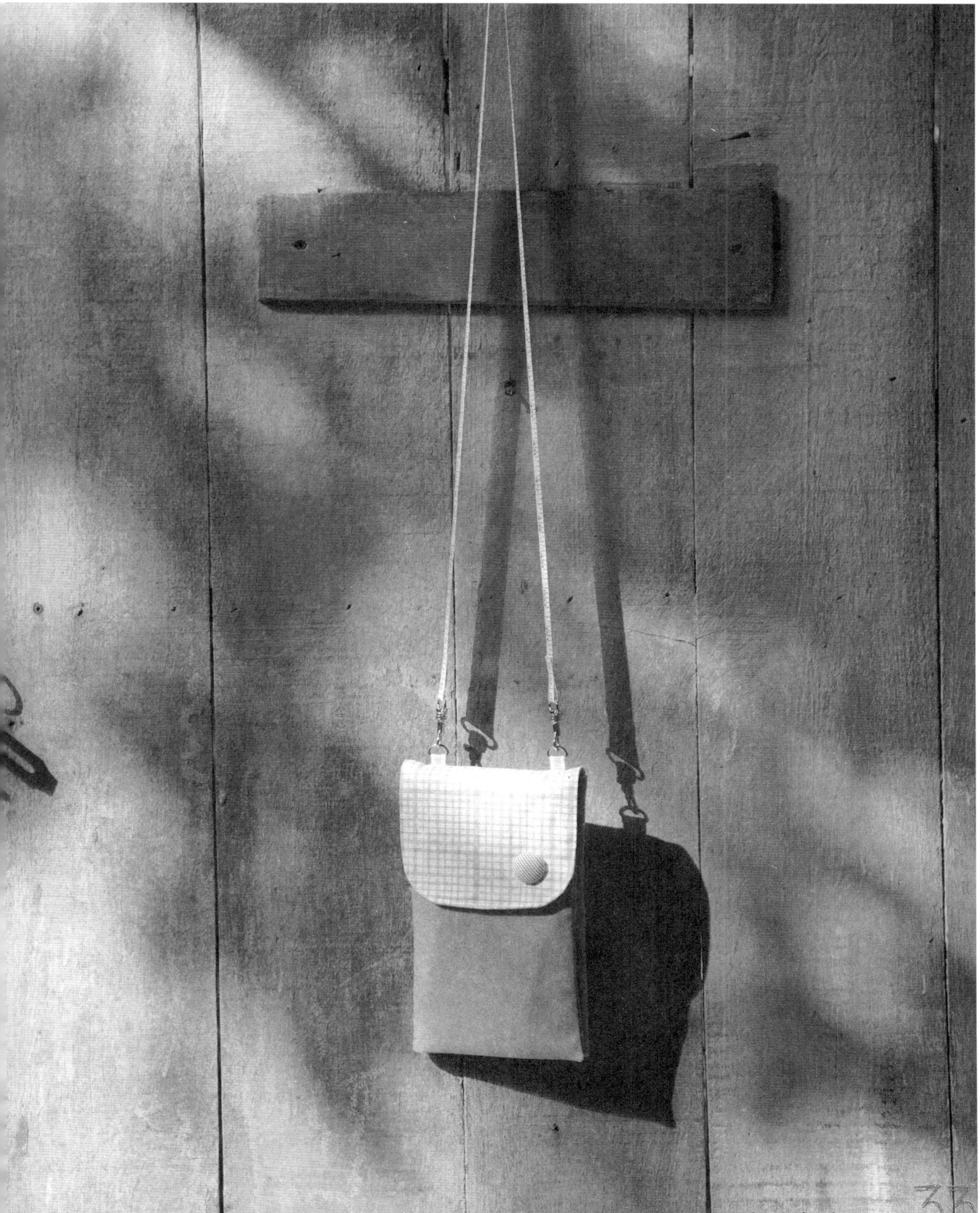

制作方法 p89

33

拼接两片不同的布料，
让口袋多些变化。

可爱的缎带，为布小
物加分不少。

袋中袋使收纳空间
扩大了不少。

消失笔、拆线器和线剪……
一个也不能少！

不规则的心形小
针插。

冰淇淋木匙变
身为线轴棒。

若草圈圈手作工具袋

——魔鬼毡也可以外露

前阵子，小草请我帮她制作一个可以斜背在肩上的手机袋，以方便她在工作途中接听电话，自己还画好了设计图，并指明要利用魔鬼毡的便利性。我把她的设计稍加改变，就有了这款手作工具小提袋。

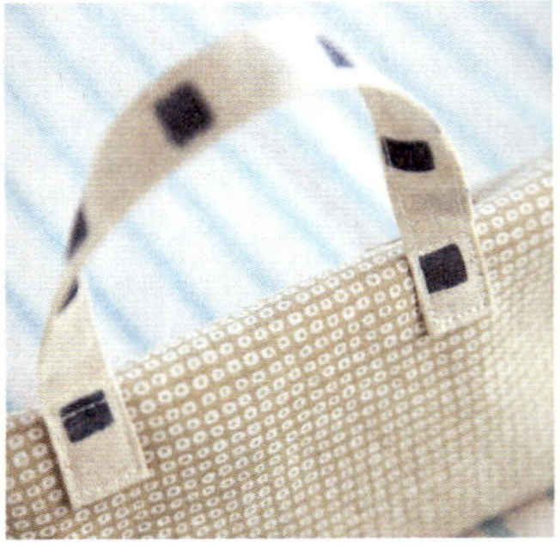

袋内还有小口袋，可以用来收纳小物品。

制作方法 p91

偶尔也要滚个边——

海军风手作工具收纳包

那天，我照例在工作桌前边画草图边等待灵感的出现。眼前的布托盘里放着一杯提神用的咖啡欧蕾，它帮助我每天快速进入工作状态。就在我反复拿起又放下杯子的过程中，我开始注意起布托盘的结构，心想或许可以制作一款四周围边的收纳包。

于是就开始了埋头于哒哒作响的时间里……

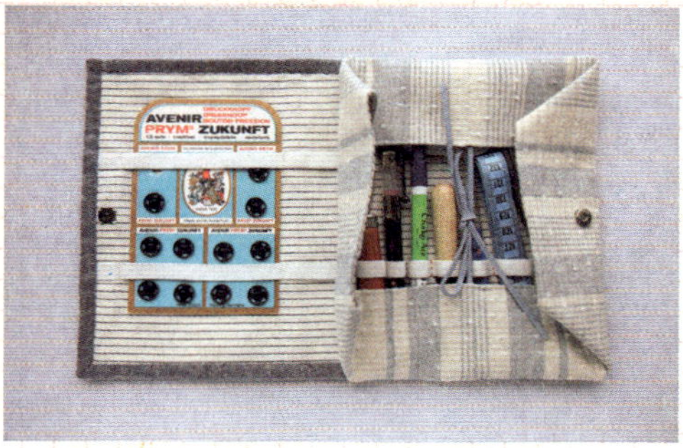

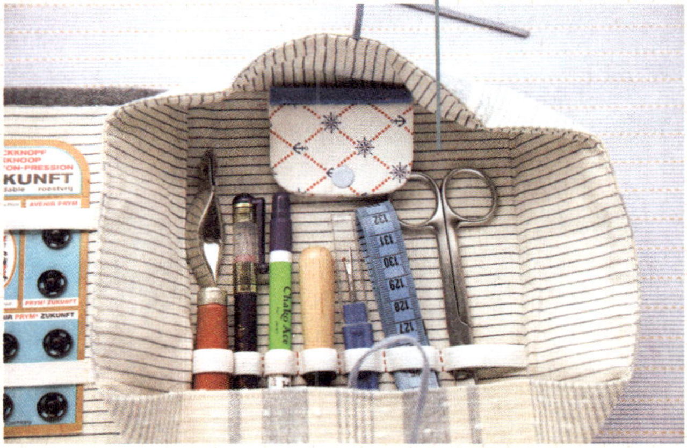

利用松紧带将工具固定在特定的位置上。

中间用麂皮绳绑起来，既有修饰作用，又能防止工具掉出来。

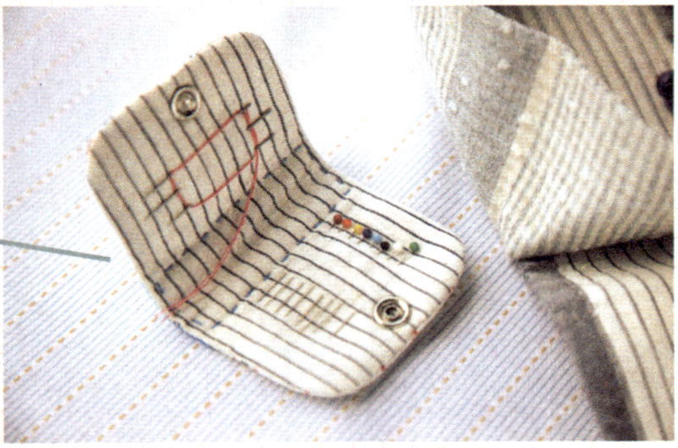

一侧放手缝针，一侧放珠针。

针包也洋溢着海军风。

制作方法 p93

大家排排站——

绣线收纳包

刺绣，并非我所擅长，但我常用其为作品进行局部点缀。有时候，不一定要套用公式来做每一件事，通过摸索和试验，也能创造出自己的风格。

也许别人会认为那是乱绣一通，没关系，开心就好。

用缎带和按扣固定剪刀，以防它掉出来。

一束束绣线整齐地吊挂着，看着就赏心悦目。

制作方法 p96

大家都有窝——

棉麻手作工具包

看似扁塌的纯朴外形下，有着充足的大容量。除了双袋设计可分别收纳布料和棉衬外，其他每样工具也都各有栖身之处，不愧是手作人的收纳好帮手，外出携带也很方便。

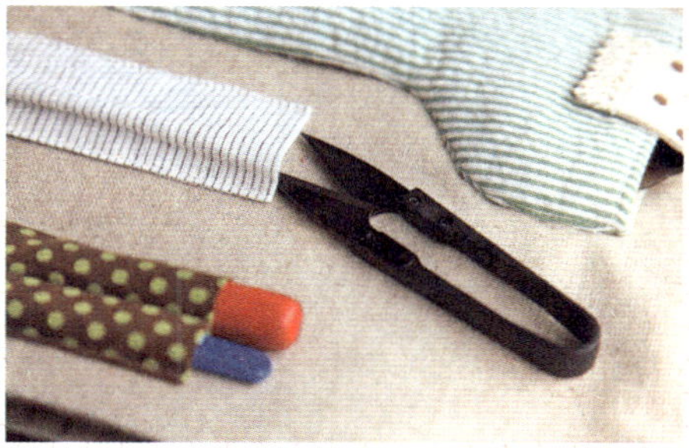

利用麻绳收纳上方带孔的线轴。

立体插袋，放入工具后也不会变形。

量身定做的剪刀袋，让布剪多一层保护。

制作方法 p98

PART

幸福布手账

3

masaeshiro
m

粉红棉麻布手账

来年也要支持masaeshiro——

第一个作品，是简单的开始，也是幸福的开始。既然要预约来年的幸福手作，当然就不可免俗地要做一个新年的布手账！盖上2011的印章，并沿数字缝一圈营造立体感，再绣上我的英文名masaeshiro，就完成了这件意义非凡的1号作品。希望大家继续支持masaeshiro！

可爱的店家名片，
能丰富布手账内的风景。

属于我的幸运数字。

做法图的收纳处。

想一想，拉链袋内
放什么好呢？

迷你厚纸型也可
以随身携带。

制作方法 p102

窗户相框布手账

插画、照片随时欣赏——

我的大部分作品都是先构想好内部的细节设计，然后再慢慢思考该给它一张怎样的“脸”。有时候，看着内部设计很容易就能联想到它的外在样子，有时候绞尽脑汁也还是想不出好点子。我喜欢将朴实的“脸”和丰富的内在搭配在一起，因为简单就是美，而且只要让人感觉舒服了，就能吸引众人的目光。

手作人的名片，
也是不可遗漏的
收藏品。

不织布相框，可以用
来收藏家人的照片或
自己喜欢的图画。

再备一本薄薄的
笔记本，随时记
录自己的好点
子。

制作方法 p104

手作资料看得见——

飞行猫布手账

那天午后，心血来潮想做一个有别于文件夹的资料收纳袋，但又不想让这些特地剪下的美丽图片埋没在布料中。此时，一个正准备丢弃的塑料布袋映入眼帘，于是我剪刀一挥，就做成了这款布手账。不收纳文件资料的时候，也可以把它当做书封用。

以锯齿状针脚为
透明塑料布锁边。

透明内封让收集来的手
作资料一目了然。

当做书封使用时，
半圆形布片就成了
书签。

制作方法 p106

秋意浓——

格纹布手账

秋天，是容易勾起回忆和思念的季节。看着朋友寄来的相片，当年与她们一起旅游的回忆便一一涌上心头……

于是，我制作了这款格纹布手账，用来收藏这些带给我美好回忆的相片。

制作方法 p107

苹果绿水玉布手账

我经常在网络店铺中买布，有时候收到布后会发现颜色与想象中的有落差，因此就把它们搁置在布柜中，这块苹果绿水玉布就是其中之一。刚收到这块布时，它过于鲜亮的颜色让我有点不知所措，但有一天，灵感突然来了，于是就把它变身为十分美丽的布手账包装袋。

将外表朴素的布手账放在颜色亮丽的包装袋中。

这里可以放经常光顾的店家的名片。

红色小笔记本，可随时记录创作灵感。

可以在记事板上列出材料采购清单。

制作方法 p109

PART 4

创意收纳袋

36色彩色铅笔的家

不要忘了伙伴（刀片、削笔刀）——

我小时候很喜欢上美术课，虽然不是特别擅长画画，但我总是很享受画画的过程。长大后很少再拿起画笔，也逐渐淡忘了画画的感觉。直到接触手作后，才重新拿起画笔画步骤图，从黑白到彩色，虽然线条和上色都显得很笨拙，但我依旧是小时候那个认真、努力的我。希望这些用心画出来的步骤图，能帮助大家快速掌握制作方法，享受作品完成后的成就感。

用刀片削出的彩色铅笔，有不同的味道。

迷你立方体小包正好可以用来收纳削笔刀。

整齐的立体插袋，让收纳袋更有质感。

制作方法 p111

交换名片——拜访客户包

朋友的实际需求，也是我创意的重要来源之一。小草最近常跟着经理四处拜访客户，她说需要一个足以收纳笔记本、笔，以及自己和对方名片的布手账，并且希望能在访谈过程中随时通过名片确认对方的姓名，于是本作品就诞生了。

缎带加上不织布，创造
出简单又大方的图案。

布手账中一定要有
收纳笔的空间。

这是用来固定笔记本的布挡。

美丽的湖水绿布料，
让人忍不住想多看几眼。

制作方法 p113

出去旅行也要写明信片——

信件用品收纳包

挑选或自制明信片寄给朋友，是一件让自己也让别人感觉幸福的事。想象着朋友的喜好，细心为他（她）挑选（或是利用现有资源制作）一张独一无二的明信片，一定会让收到的人打从心底漾出开心的笑容。虽然电子邮件快速又方便，轻轻点一下鼠标就能将其传送到对方的信箱里，但是一张亲自挑选或制作的明信片，却可以给对方带来满满的感动和喜悦。

制作方法 p114

千鸟格文具收纳包

设计师是小草——

小草说，她高中毕业时，曾一度对手作有着极大的兴趣，每天踩着妈妈的古董缝纫机，踩出了售卖手作布包的想法。虽然没有付诸实践，但看着她当初机缝的文具包，着实让我大为惊叹。于是，我把它稍加改造，制成了这款小白风格的文具收纳包，希望小草的设计也能得到大家的喜爱。

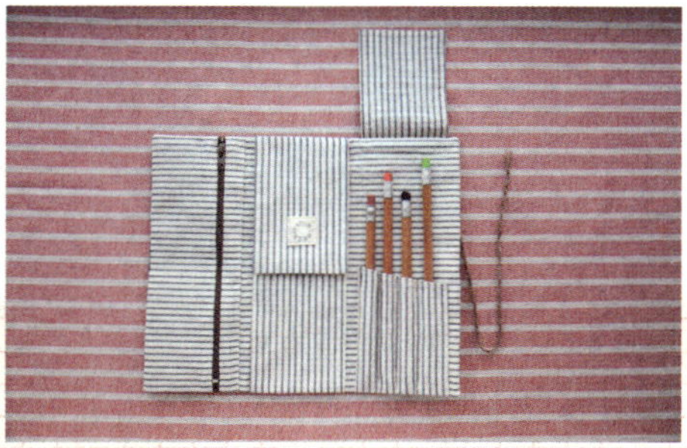

把重要物品放这里。

用魔鬼毡固定，
文具不易掉落。

放几支好写又好看的
铅笔。

名片的小窝。

制作方法 p116

走到哪喝到哪——

随身茶包收纳袋

我并不是个爱喝茶的人，如果问我是喝咖啡还是茶，我的选择几乎都是咖啡。但我的大部分朋友都是茶饮品爱好者，于是我设计了这款方便携带的茶包收纳袋。这样一来，不管到哪儿都可以拿出自己喜爱的茶包，随时享受惬意的午后时光。

用按扣固定袋身。

一次可收纳多种口味的茶包，以供随时变换口味。

杯形收纳袋，可以放糖包和搅拌棒。

各式各样的条纹布，让人爱不释手。

制作方法 p118

立可拍收纳记录包

小白帮小白做衣服——

当脑中浮现出立可拍收纳包这个点子时，正苦恼于手边没有实物参考的我，突然想起好友Lynn最近刚买的“小白”。征询之下，Lynn二话不说就答应借给我，让我顺利完成了这款收纳包。

包身装饰有小熊刺绣。

把刚拍好的照片暂时放这儿吧。

不可或缺的底片盒和签字笔收纳袋。

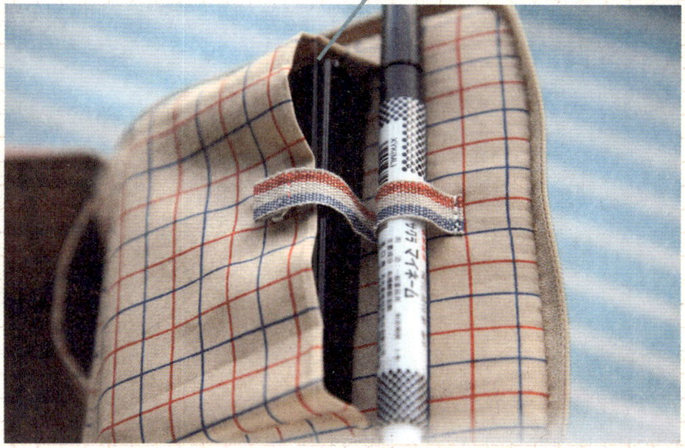

表布里布中均贴有厚铺棉，以保护心爱的相机。

制作方法 p120

买菜易忘东忘西——

魔鬼毡购物清单

从高中开始，我就一直在外住宿，所以买菜和做饭是我每天必须做的事，但也是我喜欢做的事。即使工作繁忙，我也坚持自己打理三餐，因为前往黄昏市场采购，是工作完成后的期待。然而，健忘的我总是忘买这忘买那。有了这款魔鬼毡购物清单，以后再也不怕会买不齐食材了。

选择深色表布，就不怕在采购过程中把它弄脏了。

用橡皮章、手写字或剪贴的方式来制作购物清单，方便又有趣。

将已买完的食材放在"OK"栏中。

待买的食材放在"BUY"栏里。

制作方法 p123

制作方法

制作小提示：

1. 本书中所标示的薄衬和厚衬尺寸，皆由所使用布料的厚薄而定，厚衬和薄衬含缝份与否也是视情况而定的，请大家自己依照所选择的布料及想呈现的作品感觉来决定。

2. 除了作品中的口袋及少数作品的缝份设为0.5cm外，本书大部分作品的缝份皆为1cm，步骤图中也清楚地标示出了缝份大小。

穿针引线——

日式线装书针线包

作品p9

完成尺寸

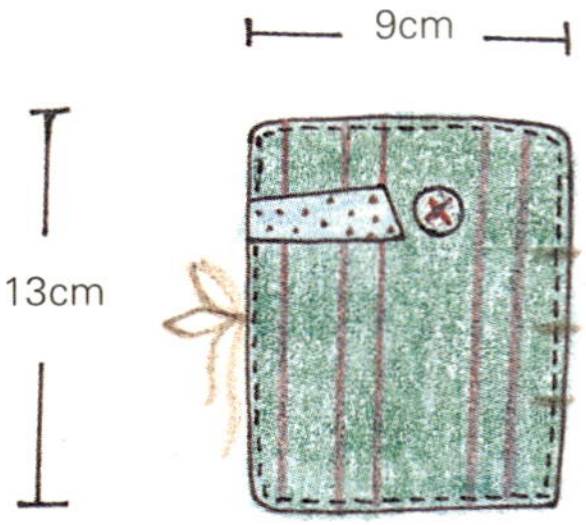

布料裁剪图

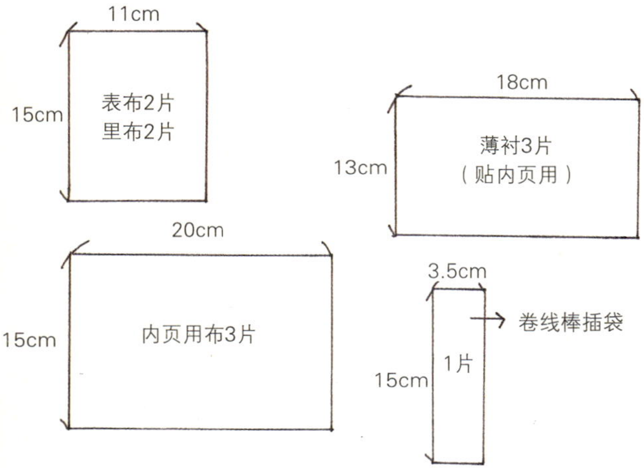

材料

◆含1cm缝份

・封面和封底		
表布（深蓝毛料布）	15cm×11cm	2片
里布（灰棉布）	15cm×11cm	2片
小碎布	形状和大小不限	2片
薄衬（贴小碎布用）	与小碎布同尺寸	2片
浅蓝的扣子		2颗
细麻绳	16cm 6cm	2条 3条
・内页		
内页用布（3款花色不同的点点布）	15cm×20cm	3片
薄衬（贴内页用）	13cm×18cm	3片
卷线棒插袋（灰白条纹布）	15cm×3.5cm（含0.5cm缝份）	1片
蕾丝	8cm	1段
剪刀袋（灰色不织布）	尺寸依剪刀的尺寸而定	1片
迷你托特针包		1个
蕾丝	8.5cm	1段
棉花		少许

制作方法

1 制作封面和封底。在封面、封底表布上以锯齿状针法机缝上贴了薄衬的小碎布，再缝上浅蓝色扣子，机缝固定细麻绳。

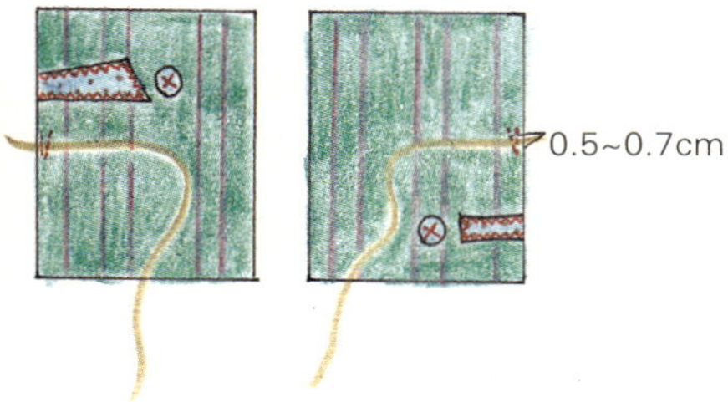

2 将封面和封底的表布和里布正面相对（共两组），预留5cm返口，如图机缝一圈。剪去4个角的三角缝份后翻回正面熨烫平整，以藏针缝缝合返口后再压缝一圈。

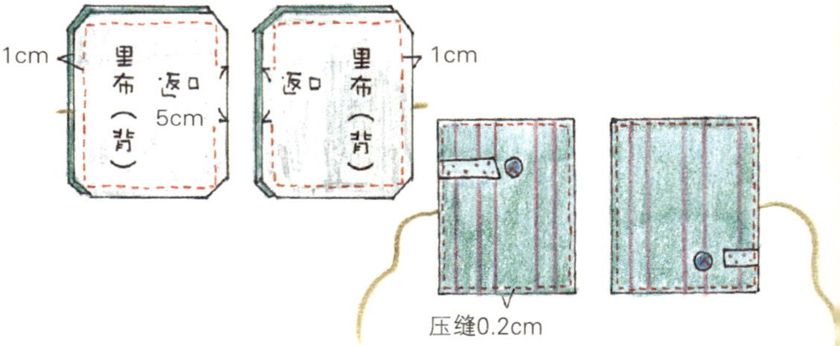

3 取1片内页用布，依次缝上卷线棒插袋、蕾丝（8.5cm）和剪刀袋（可根据自己的工具来调整尺寸和位置）。

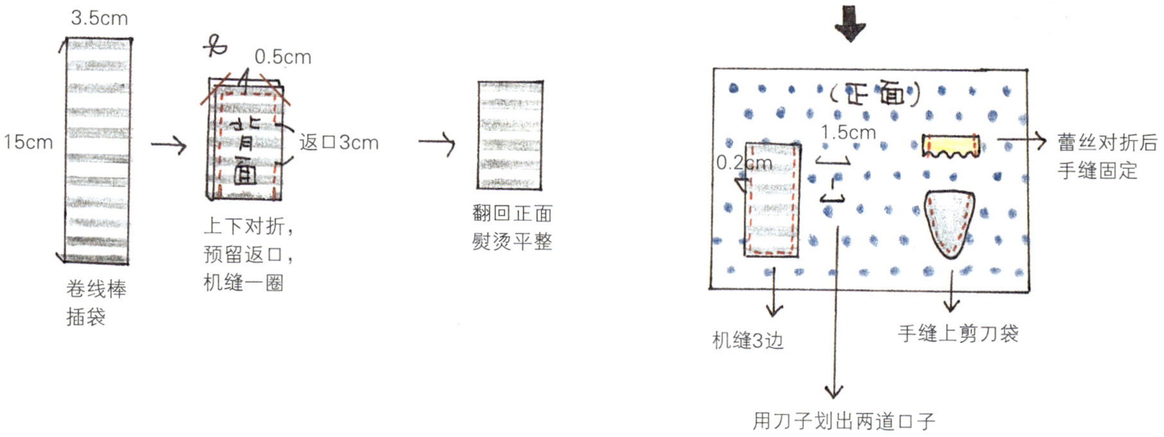

4 在第2片内页用布上，用藏针缝固定上塞入棉花的迷你托特包（袋口处手缝上一小截布条），再以藏针缝缝上蕾丝（8.5cm）。

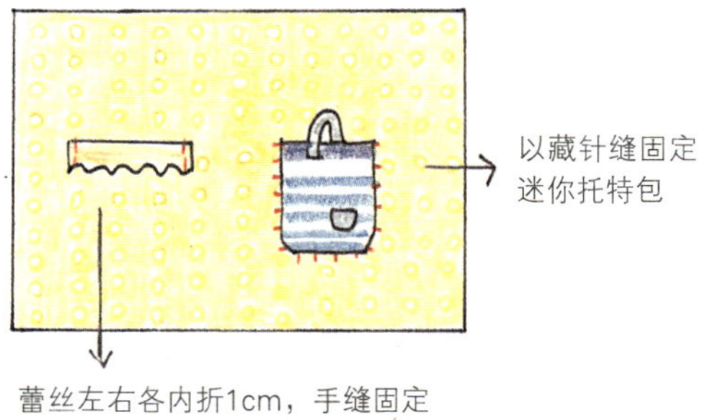

5 将3片内页用布左右对折，预留5cm返口，机缝一圈。如图，分别剪去两个角的三角缝份，翻回正面熨烫平整，以藏针缝缝合返口。

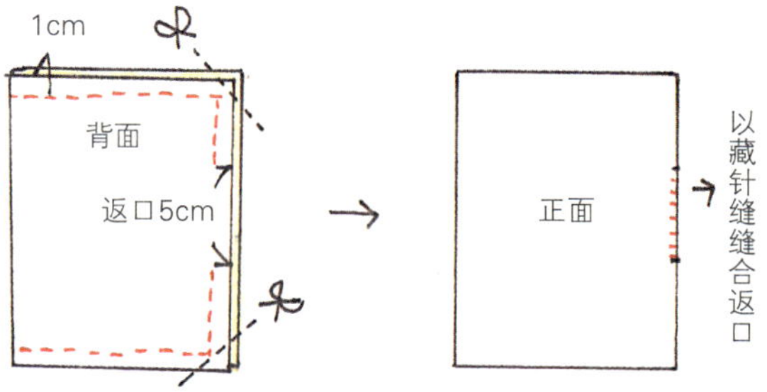

6 如图，分别在封面、封底和3片内页上做出记号，用锥子钻孔，穿过细麻绳并绑紧即完成。

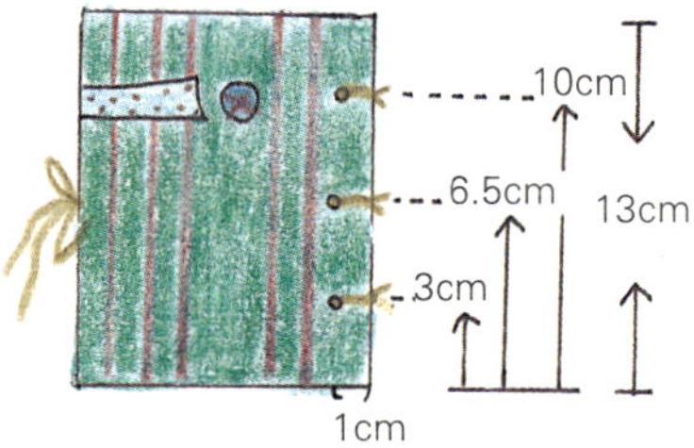

疯狂爱上湖水蓝——

方正针线包

作品p13

完成尺寸

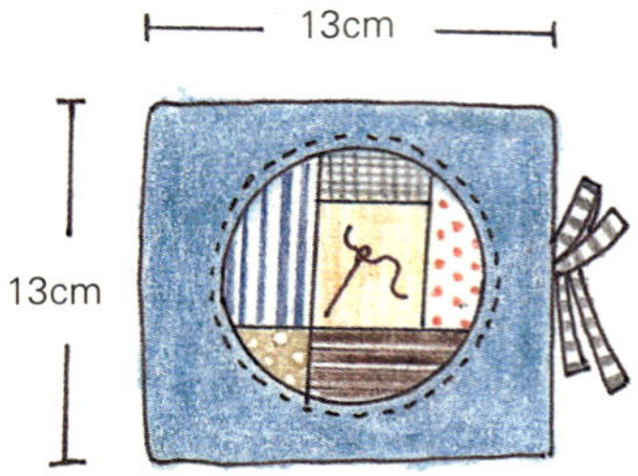

布料裁剪图

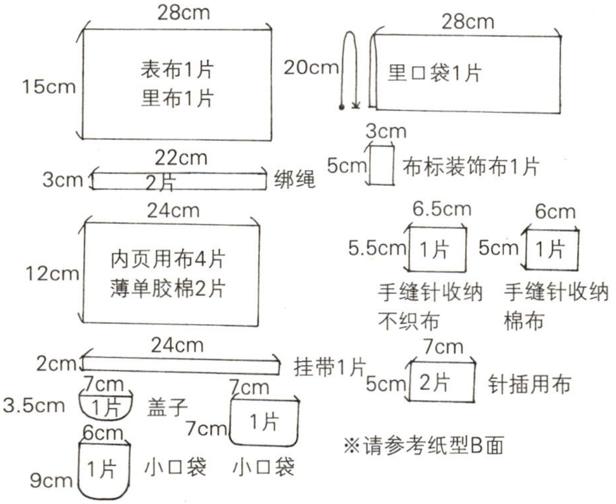

※请参考纸型B面

材料

◆含 1cm 缝份

・封面、封底		
表布（湖水蓝帆布）	15cm × 28cm	1 片
里布（湖水蓝帆布）	15cm × 28cm	1 片
里口袋（灰棉布）	20cm × 28cm	1 片
蕾丝	24cm	1 条
布标	1 枚	
布标装饰布（细条纹布）	5cm × 3cm	1 片
绑绳（灰白条纹棉布）	3cm × 22cm	2 条
各色碎布	尺寸不限（太薄的布需贴薄衬）	数片
・内页		
内页用布（4 种花色）	12cm × 24cm	4 片
薄单胶棉	12cm × 24cm	2 片
（每两片相对缝合的内页用布只需其中一片贴薄单胶棉，另一片若太薄则可贴上薄衬）		
・内页 1 细节		
挂带（白底蓝点绒布）	2cm × 24cm	1 片
・内页 2 细节		
小口袋（灰色不织布）	约 3.5cm × 7cm 约 7cm × 7cm 约 6cm × 9cm	1 片 1 片 1 片
黄色方形扣		1 颗
・内页 3 细节		
针插用布（蓝白格纹布）	5cm × 7cm（含 0.5cm 缝份）	2 片
英文布标	3cm × 6.5cm	1 片
手缝针收纳棉布（灰色棉布）	5cm × 6cm	1 片
手缝针收纳不织布（灰色不织布）	5.5cm × 6.5cm	1 片
蕾丝	2.5cm	1 段

制作方法

1 制作封面。将各色碎布拼接成12cm × 12cm的正方形，绣上针线图形。在表布右侧裁出一个直径10cm的圆洞，将拼接成的方块布置于圆洞后方，以珠针固定，沿着圆形边距边0.2cm机缝一圈。

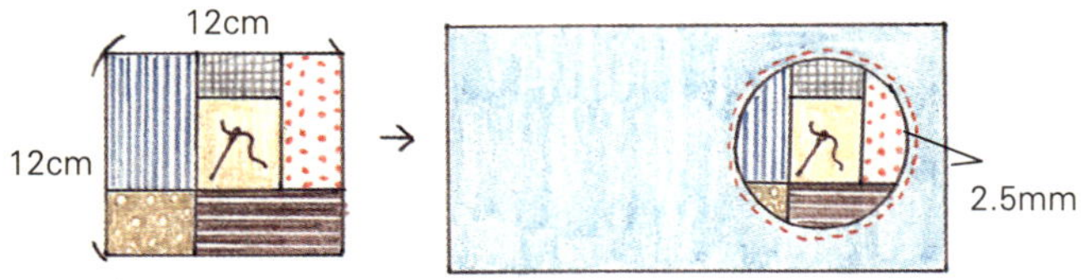

2 里口袋机缝上布标和布标装饰布，对折后压缝袋口，如图沿区隔线将它缝在里布上，并机缝上对折后的蕾丝。

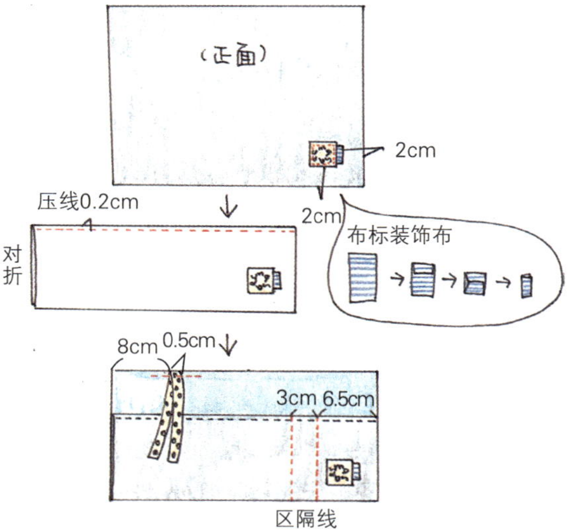

3 将绑绳（两条）固定在表布两侧正中央。

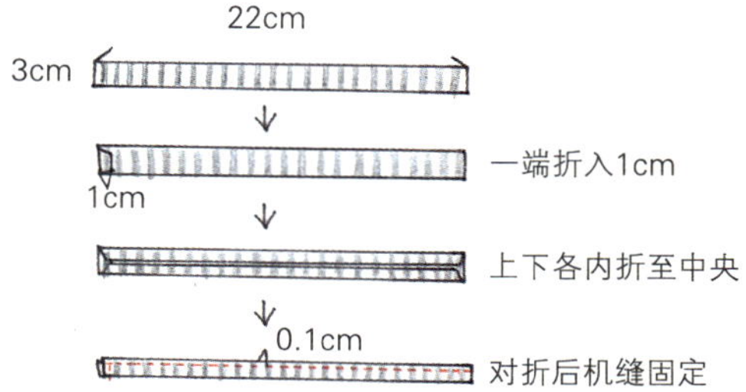

4 表布和里布正面相对，预留8cm返口，如图机缝一圈。剪去4个角的三角缝份后，从返口翻回正面，熨烫平整后以藏针缝缝合返口。

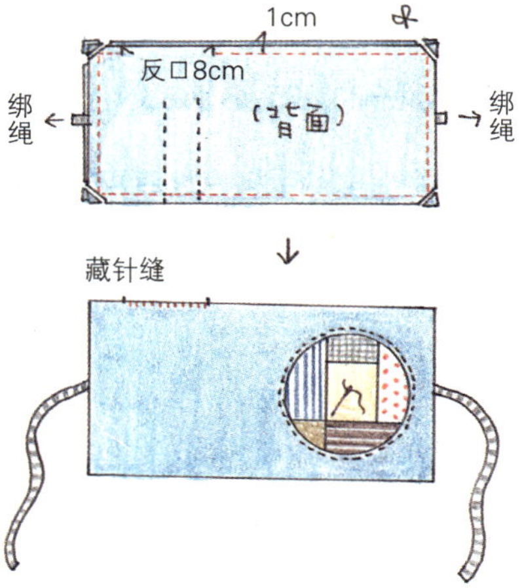

5 制作内页。

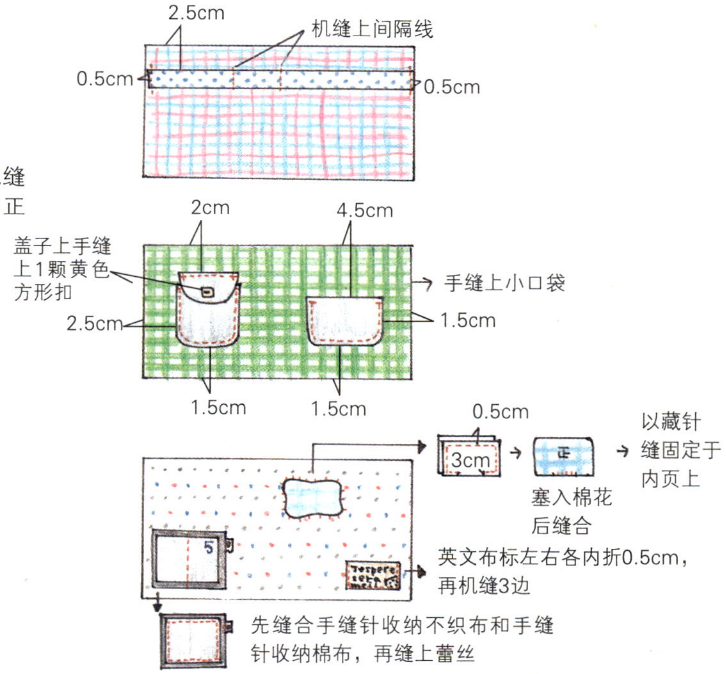

6 内页两两相对，每一组中间铺1片薄单胶棉，以锯齿状针缝合。

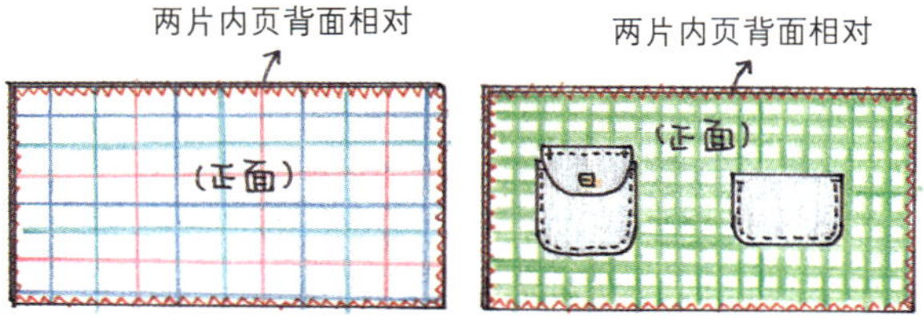

7 最后将封面、封底和两组内页重叠后缝合在一起即完成。

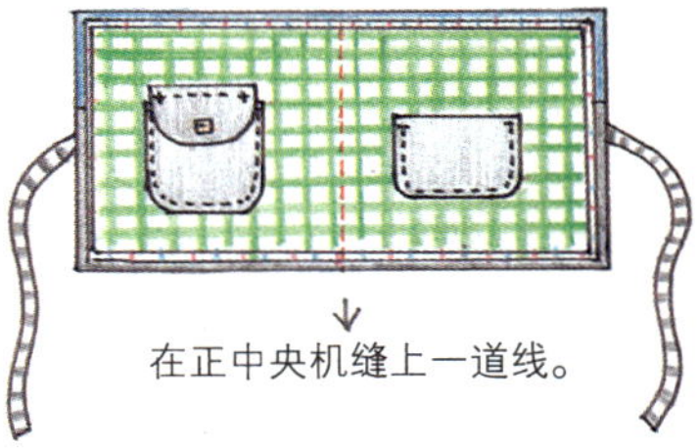

PART 1

外冷内热——

小熊针线挂包

作品p16

完成尺寸

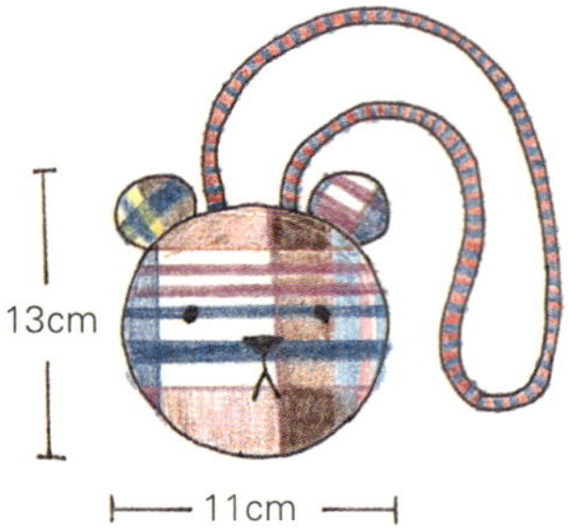

布料裁剪图

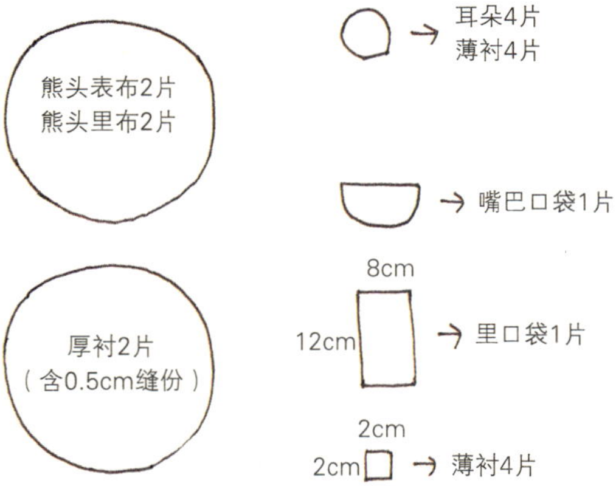

材料

◆材料尺寸请参考纸型B面（含0.5cm缝份）

熊头表布（紫色格纹布）		2片
不含缝份厚衬（贴表布）		2片
熊头里布（素棉麻布）		2片
薄衬（贴熊头里布背面）	2cm×2cm	4片
耳朵（紫色格纹）		4片
同尺寸薄衬（贴耳朵）		4片
嘴巴口袋（深蓝色不织布）		1片
里口袋（灰底紫点布）		1片
里口袋装饰带（红蓝条纹缎带）	4.5cm	2条
挂带（红蓝条纹缎带）	76cm	1条
按扣		2组
透明扣		2颗

制作方法

1 在两片熊头里布背面各贴上两片薄衬。

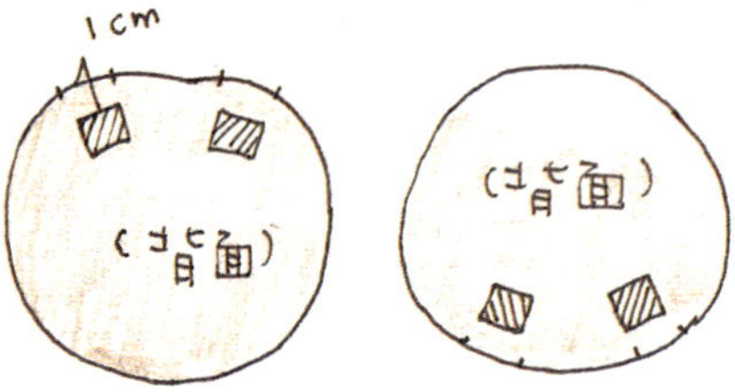

2 机缝两只耳朵。耳朵用布背后均贴同尺寸薄衬，然后两两正面相对机缝，剪牙口，翻回正面熨烫平整。

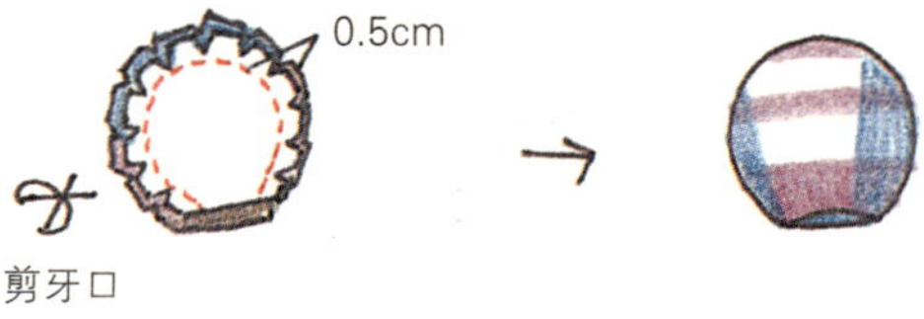

3 将耳朵、嘴巴口袋和挂带手缝固定在其中一片里布上。

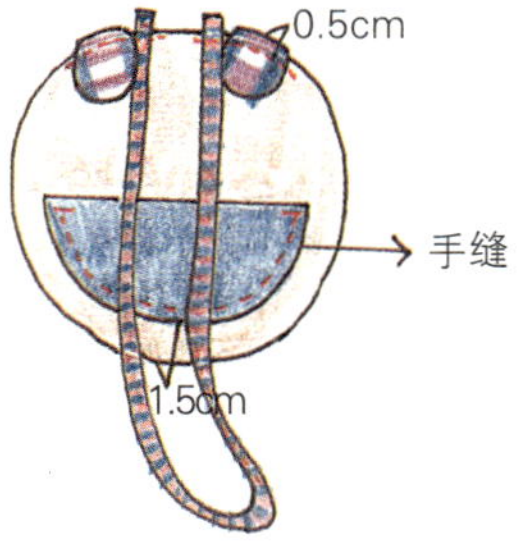

4 将步骤3完成的里布与一片表布正面相对，预留4cm返口，机缝一圈。剪牙口，翻回正面熨烫平整，以藏针缝缝合返口。

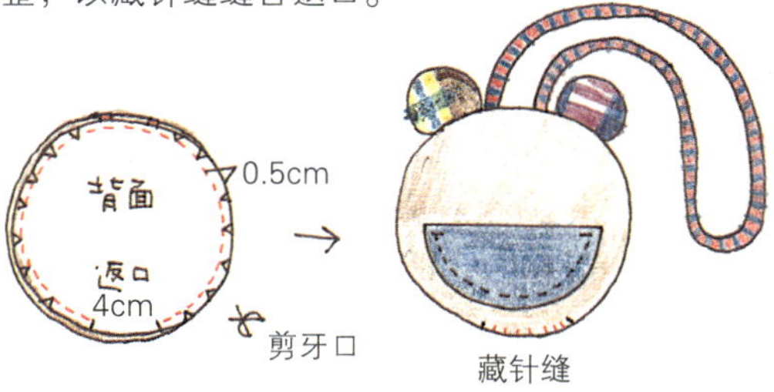

5 在另一片表布上绣出眼睛和嘴巴。

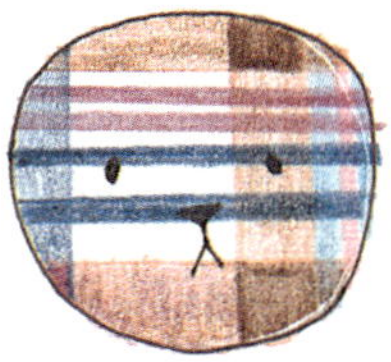

6 机缝里口袋。

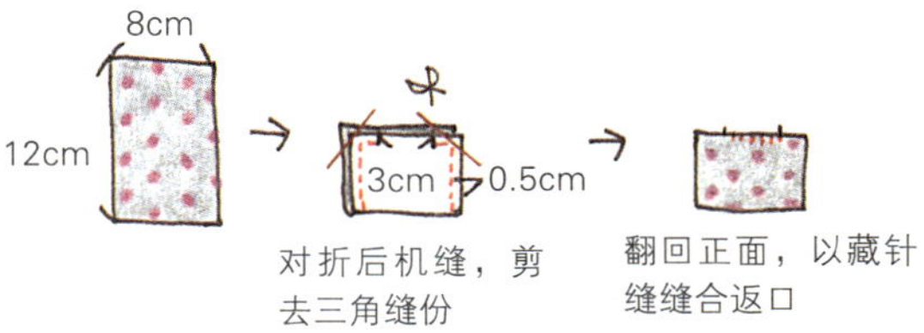

7 将里口袋和两条里口袋装饰带机缝在另一片里布上，并在两条里口袋装饰带上分别缝上1颗透明扣。

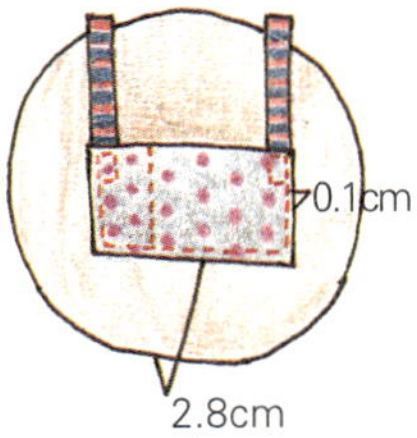

8 将步骤5中的表布和步骤7的里布正面相对，预留4cm返口，机缝一圈。剪牙口，翻回正面熨烫平整，以藏针缝缝合返口。

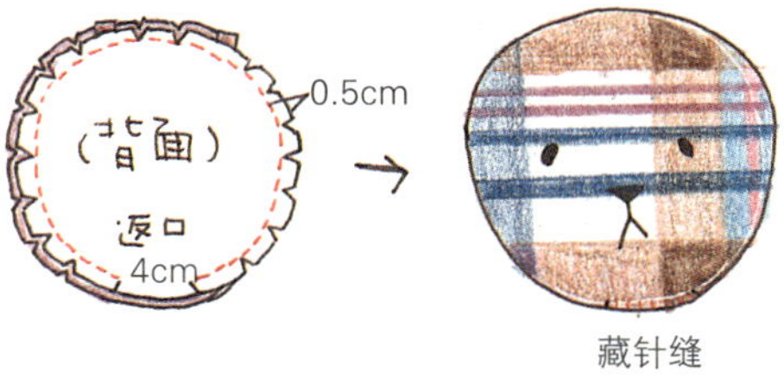

9 如图，以藏针缝拼接步骤4和步骤8中完成的两部分（连接处长约4cm），缝上两组按扣即完成。

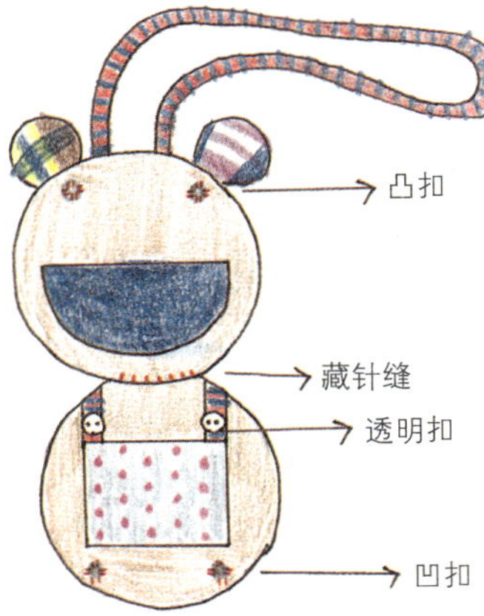

我不是茶包——

红格子针线包

作品p18

完成尺寸

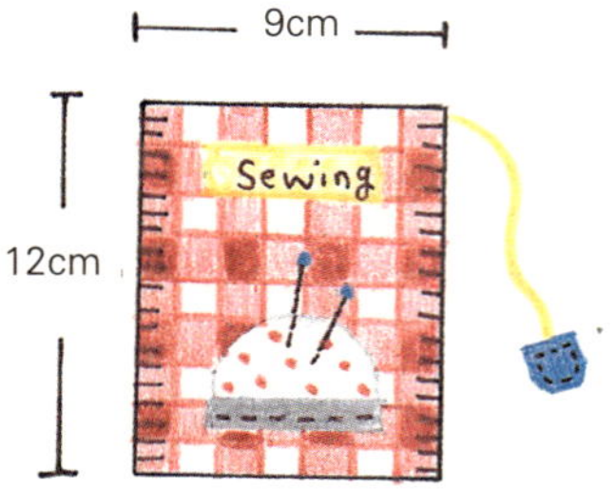

布料裁剪图

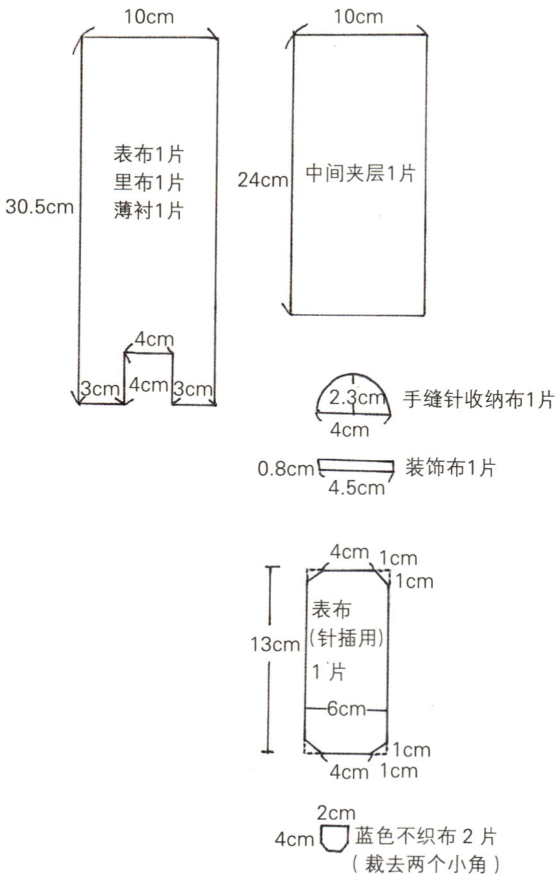

材料

◆含0.5cm缝份

表布（红白格子布）	30.5cm × 10cm	1片
薄衬（贴表布）	30.5cm × 10cm	1片
里布（红色棉麻布）	30.5cm × 10cm	1片
中间夹层（白底红点布）	24cm × 10cm	1片
· 表布正面装饰		
缎带	5.5cm	1段
手缝针收纳布（白底红点不织布）	2.3cm × 4cm	1片
装饰布（灰色不织布）	0.8cm × 4.5cm	1片
条纹扣		1颗
· 针插		
表布（白底红点布）	13cm × 6cm	1片
蓝色不织布	2cm × 2cm	2片
棉绳	20cm	1条
棉花		少许

制作方法

1 将绣有sewing字样的缎带、手缝针收纳布和装饰布机缝在表布上，如图绣上珠针图样。

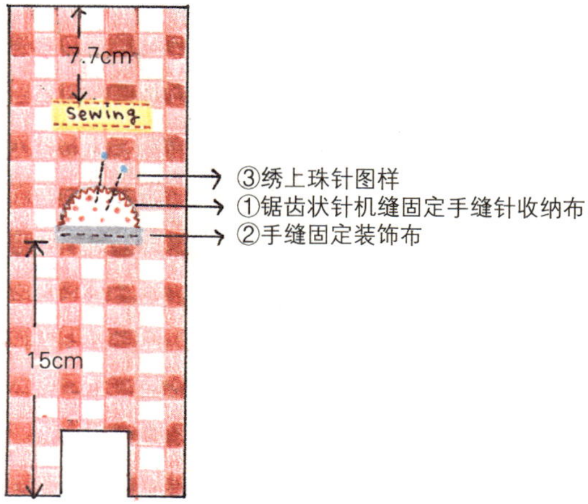

2 表布背面贴薄衬后与里布正面相对，预留6～7cm返口，机缝一圈。剪去两个角的缝份并在下方剪出牙口后，翻回正面烫平，以藏针缝缝合返口。

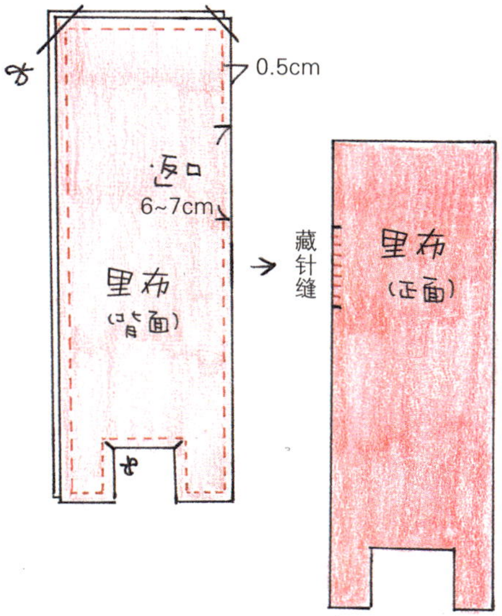

3 将中间夹层用布正面相对对折，预留4cm返口，机缝3边。如图，剪去两个角的三角缝份，翻回正面烫平，以藏针缝缝合返口。

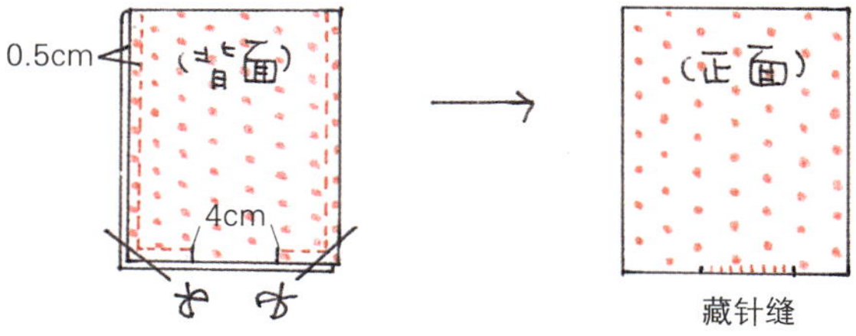

4 如图，将步骤2完成的里布和步骤3完成的中间夹层放在一起，以滚针缝缝合两侧，再开扣眼、缝上扣子。

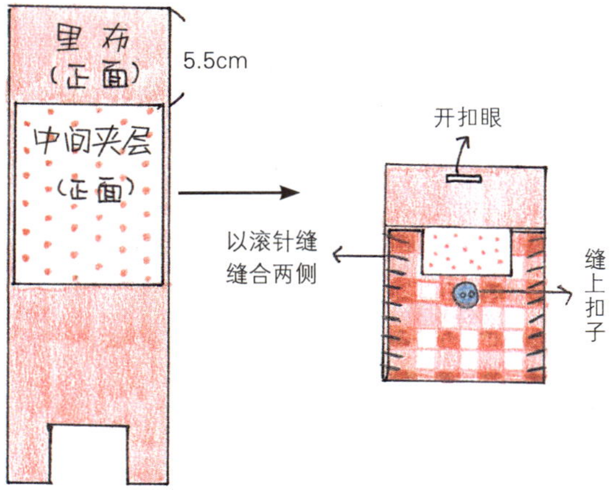

5 制作针插。针插用表布正面相对对折，预留2.5cm返口，夹入棉绳，机缝一圈。剪牙口后翻回正面，塞入棉花，以藏针缝缝合返口。绳端打结，用两片蓝色不织布夹住，以平针缝手缝一圈。

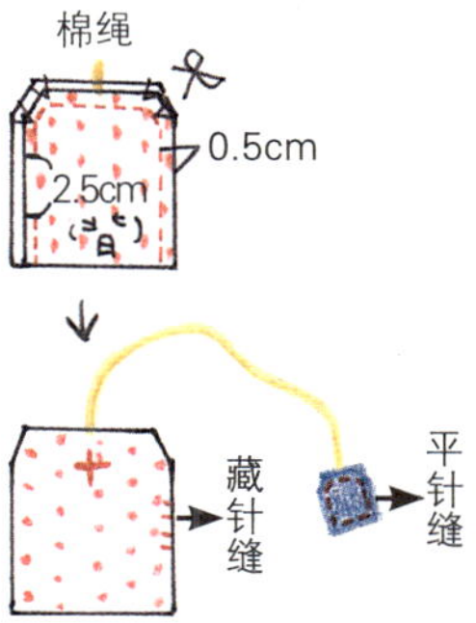

来自巴黎的礼物——

回忆漩涡针线包

作品p20

完成尺寸

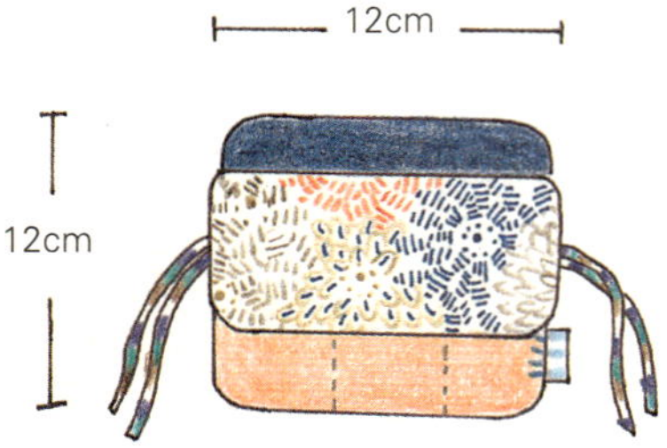

布料裁剪图

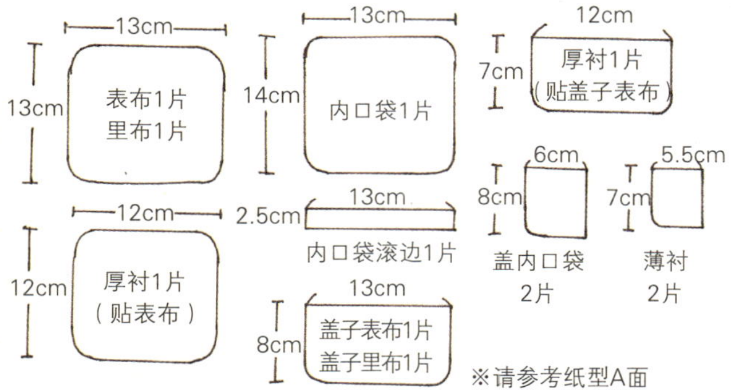

※请参考纸型A面

材料

◆含0.5cm缝份

表布（深蓝帆布）	13cm × 13cm	1片
厚衬（贴表布）	12cm × 12cm	1片
里布（深蓝帆布）	13cm × 13cm	1片
盖子表布（日式棉麻布）	8cm × 13cm	1片
厚衬（贴盖子表布）	7cm × 12cm	1片
盖子里布（灰色棉布）	8cm × 13cm	1片
盖内口袋（日式棉麻布）	8cm × 6cm	2片
薄衬（贴盖内口袋）	7cm × 5.5cm	2片
盖内口袋滚边（亚麻缎带）	1cm × 8cm	2条
内口袋（橘色棉麻布）	14cm × 13cm	1片
内口袋滚边（白底红点布）	2.5cm × 13cm	1片
侧布标（棉织带）	2cm × 4cm	1段
彩色棉绳	10cm	4条

制作方法

1 制作盖子。将滚边布机缝在贴好薄衬的盖内口袋上，然后将盖内口袋机缝在盖子里布上。在贴好厚衬的盖子表布两边机缝上两条彩色棉绳。将盖子表布与里布正面相对，预留4～5cm返口，机缝一圈，剪去两个角的三角缝份并剪牙口，翻回正面，以藏针缝缝合返口，再压缝一圈。

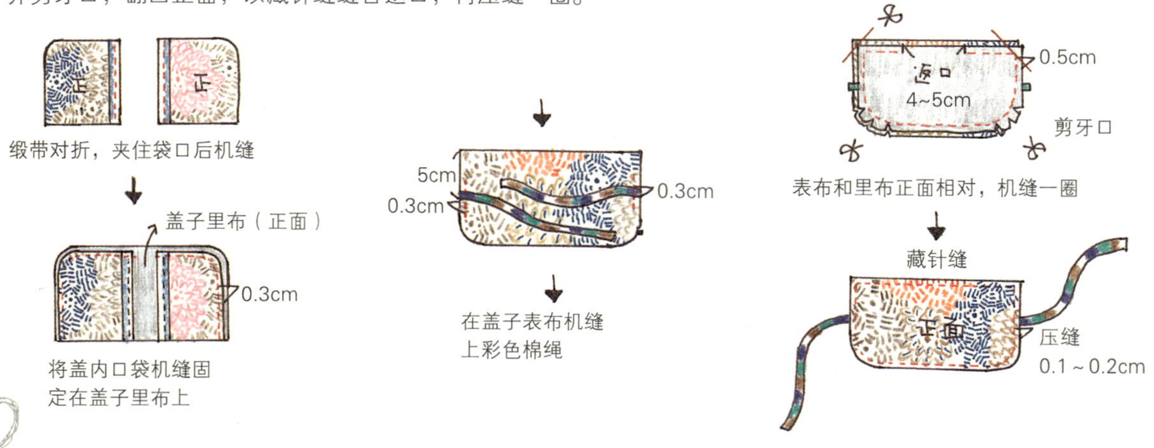

2 内口袋用布对折，袋口包上内口袋滚边布，然后机缝固定在里布上，并压出分隔线，再缝上侧布标与两条彩色棉绳。

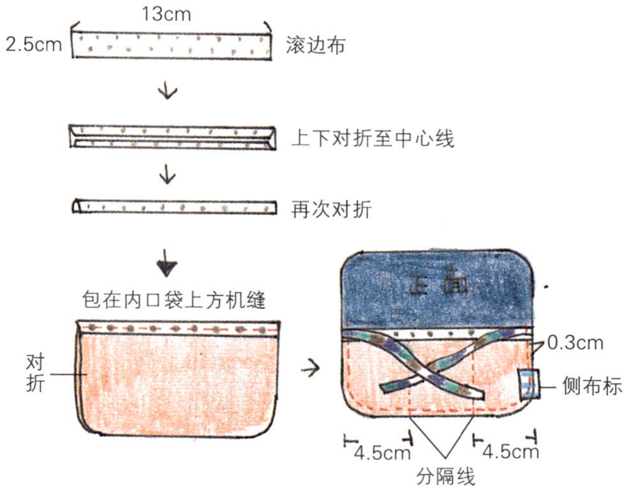

3 将步骤1做好的盖子以藏针缝固定在步骤2做好的袋子上（两端各回缝几针固定）。

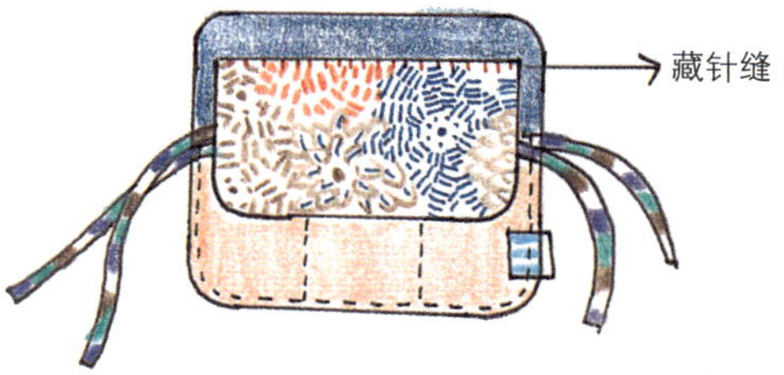

4 将步骤3与贴好厚衬的表布正面相对，预留5cm返口，机缝一圈。剪牙口，翻回正面，以藏针缝缝合返口即完成。

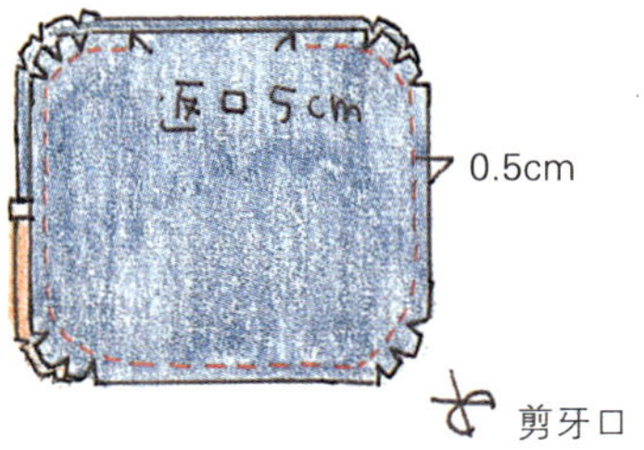

温暖的家——

信封袋针线包

作品p24

完成尺寸

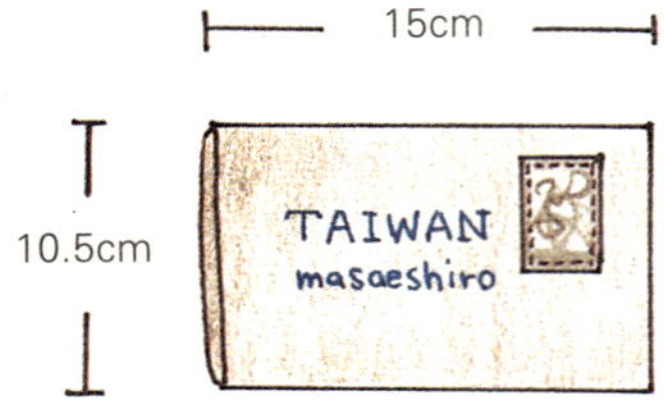

布料裁剪图

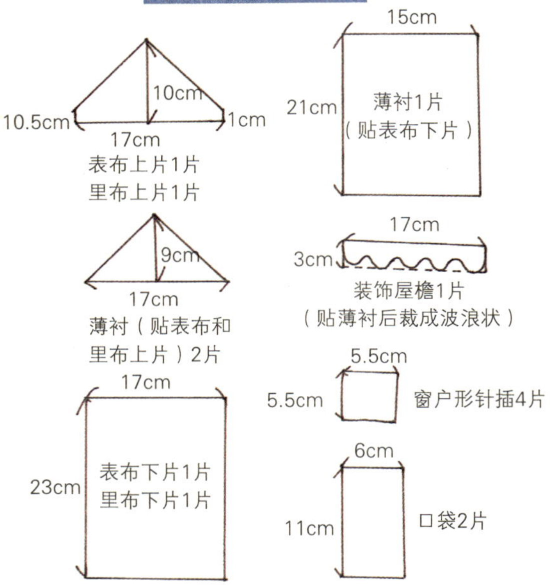

材料

◆含1cm缝份

表布上片（红白条纹）	10cm×17cm	1片
里布上片（红白条纹）	10cm×17cm	1片
薄衬（贴表布上片、里布上片）	9cm×17cm	2片
表布下片（自然棉麻布）	23cm×17cm	1片
薄衬（贴表布下片）	21cm×15cm	1片
里布下片（自然棉麻布）	23cm×17cm	1片
装饰屋檐（黄底白点布）	3cm×17cm	1片
薄衬（贴装饰屋檐）	3cm×17cm	1片
口袋（两种花色）	11cm×6cm	2片
	（含0.5cm缝份）	
亚麻缎带	1.5cm×17cm	2条
磁扣		1组
邮票布标		1枚
· 窗户形针插（含0.5cm缝份）		
表布	5.5cm×5.5cm	4片
里布	5.5cm×5.5cm	2片
灰色不织布	0.5cm×5.5cm	2片
和纸胶带		适量
棉花		少许

制作方法

1 制作窗户形针插（共两个）。

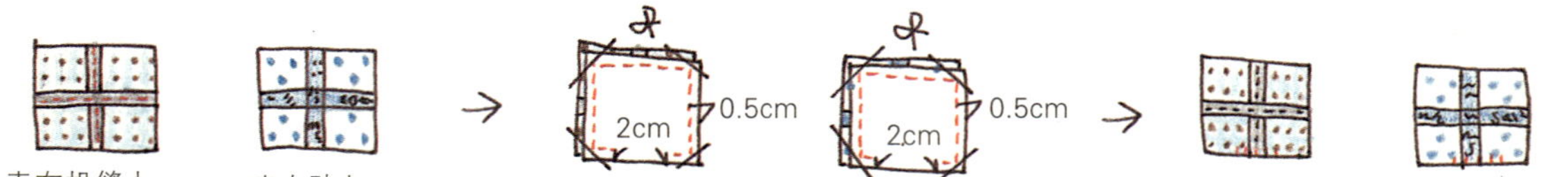

表布和里布正面相对，预留返口，机缝一圈。剪去4个角的三角缝份后翻回正面。

塞入棉花，以藏针缝缝合返口。

2 两片口袋用布分别正面相对对折，预留2～3cm返口，机缝两边。剪去三角缝份后，翻回正面烫平，以藏针缝缝合返口。

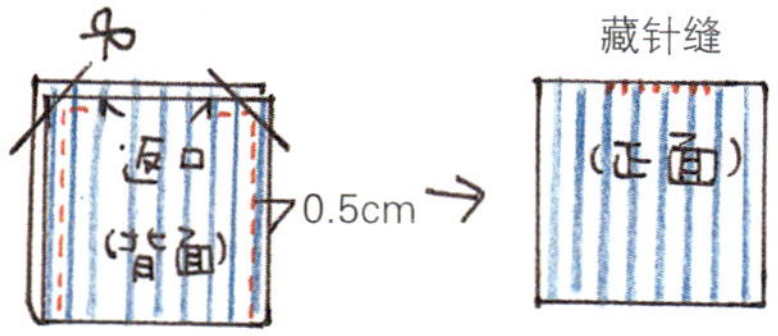

3 将贴了薄衬的装饰屋檐、亚麻缎带和口袋机缝在里布下片上。

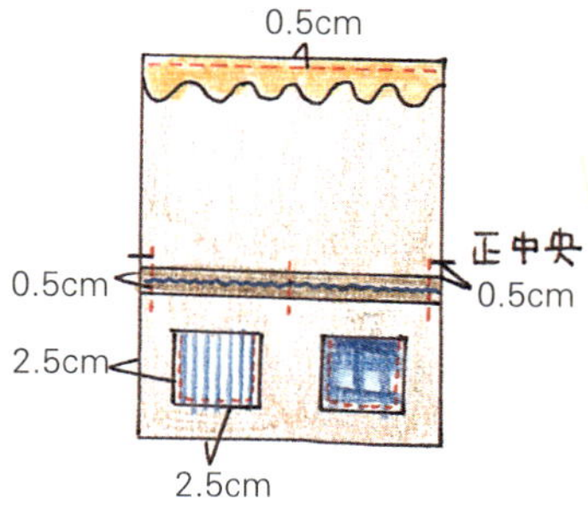

4 表布上片和里布上片均贴薄衬，正面相对缝合，剪去顶点的三角缝份，翻回正面熨烫平整。

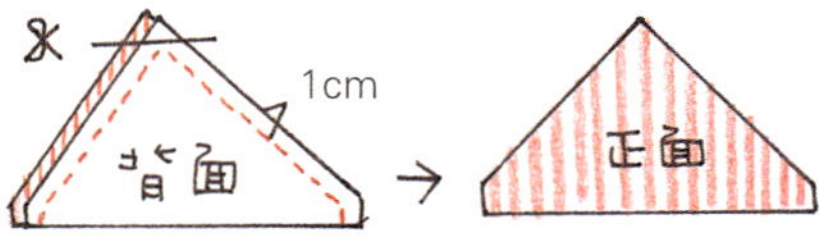

5 在贴好薄衬的表布下片缝上邮票布标，并用布用印泥盖上英文字样，熨烫10s（秒）。如图，机缝上步骤4中完成的上片。

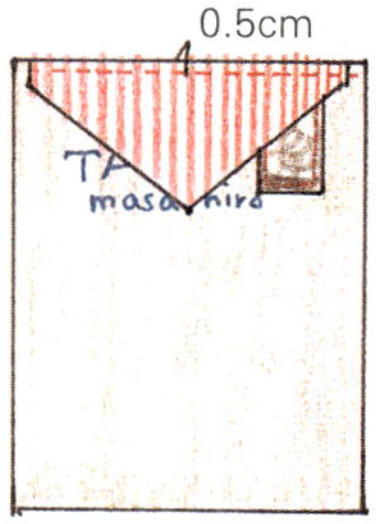

6 将表布下片和里布下片（步骤3和步骤5）正面相对，预留7cm返口，机缝一圈。剪去4个角的三角缝份，翻回正面熨烫平整，以藏针缝缝合返口。

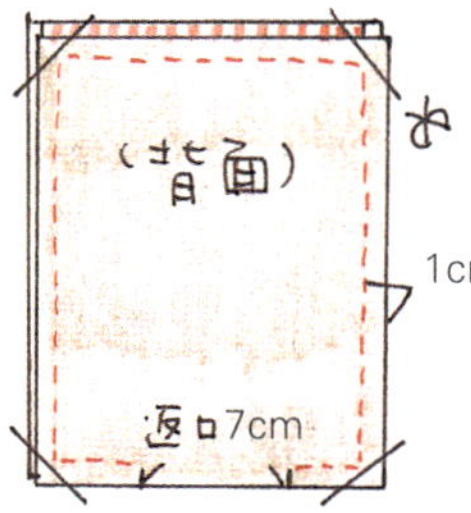

7 以藏针缝缝上窗户形针插，最后缝上磁扣（缝上凸扣后，将针线包折好，即可确定凹扣的正确位置）即完成。

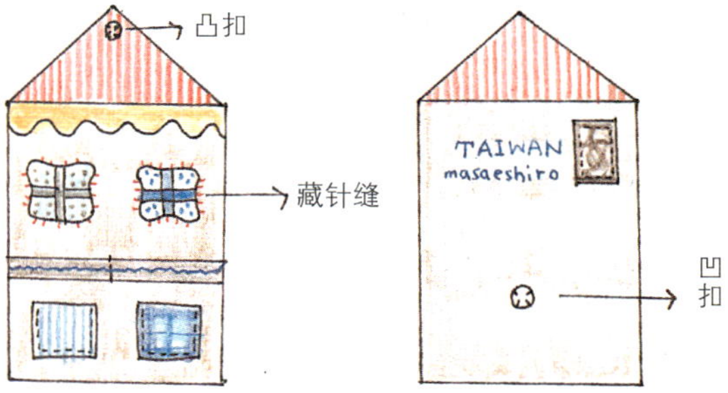

偶尔来点花布点缀——

复古碎花针线包

作品p26

完成尺寸

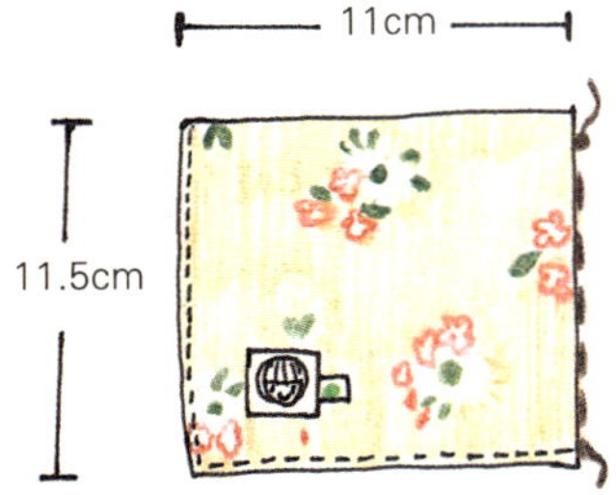

布料裁剪图

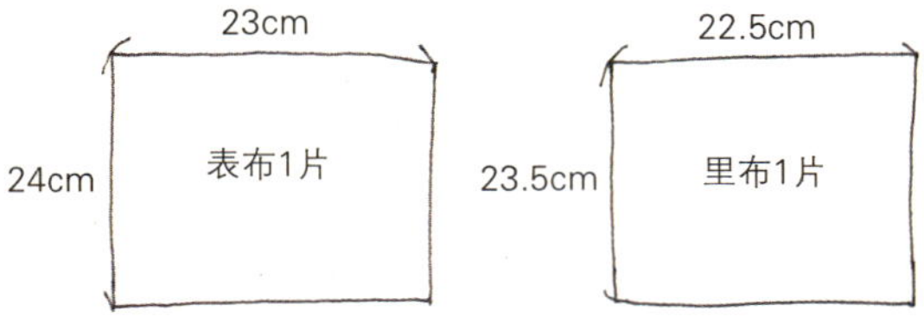

材料

◆含缝份0.5cm

表布（黄色小碎花布）	24cm×23cm	1片
里布（自然棉麻布）	23.5cm×22.5cm	1片
布标		2枚
绿点点缎带		1小段
毛线		适量

制作方法

1 表布和里布分别对折，预留5cm返口，机缝3边。剪去两个角的三角缝份，翻回正面，以藏针缝缝合返口。

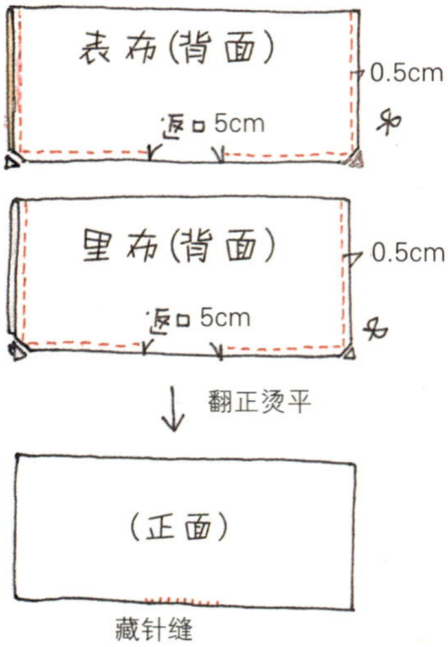

2 表布和里布重叠，以粗毛线单线沿中央线缝合中央处。如图在里布上手缝上固定工具的毛线和1枚布标，将另外1枚布标缝在表布上（旁边夹入圆点缎带）。

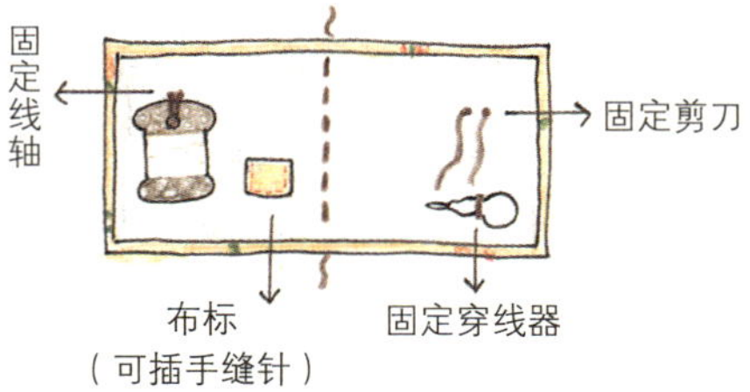

3 将表布和里布放在一起，如图，机缝3边即完成。

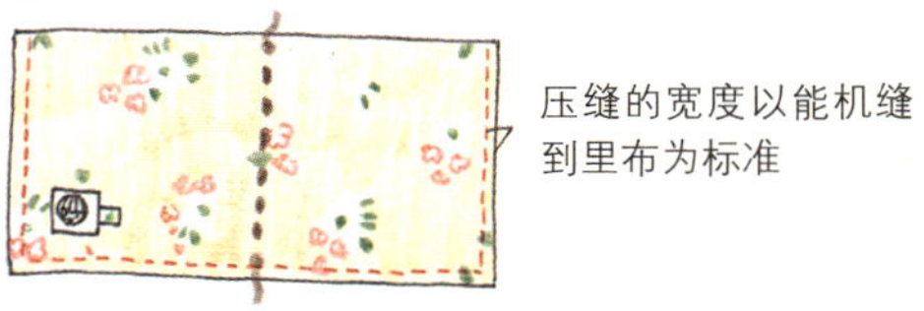

半圆形拉链袋——

钩针收纳包

作品p30

完成尺寸

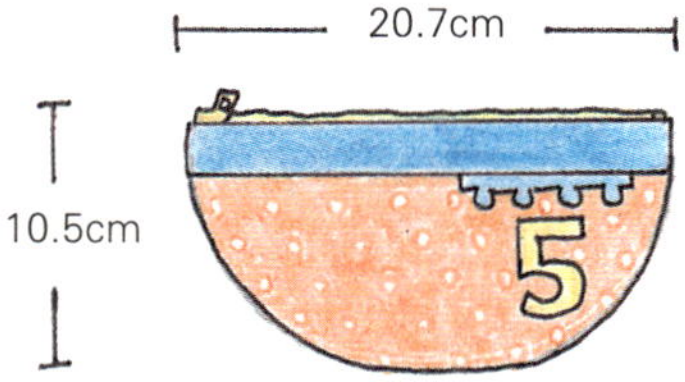

材料

◆含1cm缝份

・外盖		
盖子表布上片（蓝色帆布）	5cm×23cm	2片
盖子表布下片（橘底白点布）	9.5cm×22.5cm	2片
厚衬（贴盖子表布下片）	9.5cm×22.5cm	2片
浅蓝豆豆缎带	6.5cm	1段
数字5（黄色不织布）	3cm×2.3cm	1片
盖子里布（黄白条纹布）	12.5cm×23cm	2片
厚衬（贴盖子里布）	10.5cm×21cm	2片
盖子内口袋（白底橘点布）	19cm×9cm （含0.5cm缝份）	2片
按扣		2组
・内袋（拉链袋）		
拉链袋表布（黄白条纹布）	12.5cm×23cm	2片
厚衬（贴拉链袋表布）	12.5cm×23cm	2片
拉链袋里布（白底橘点布）	12.5cm×23cm	2片
拉链袋外口袋（浅蓝棉布）	11.5cm×23cm	2片
拉链	24cm	1条

布料裁剪图

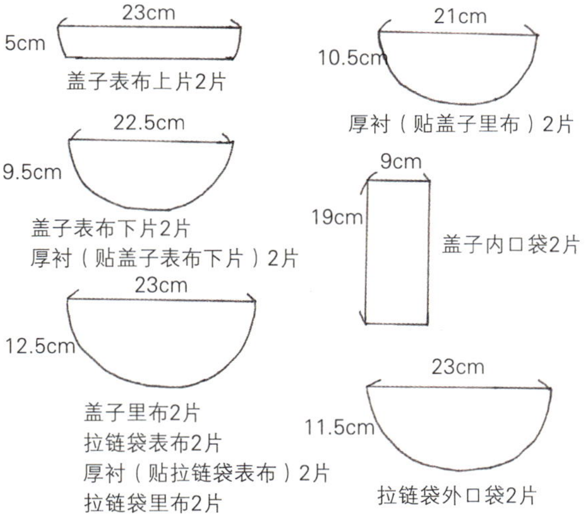

※请参考纸型B面

制作方法

1 制作中间的拉链袋。

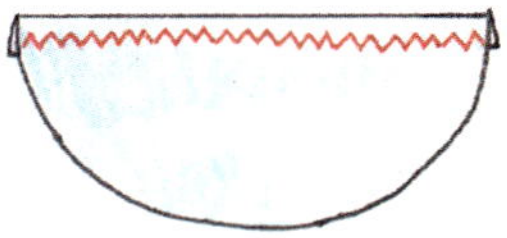

①拉链袋外口袋用布上端往背面折1cm，共折2次，以锯齿状针压缝（共两片）。

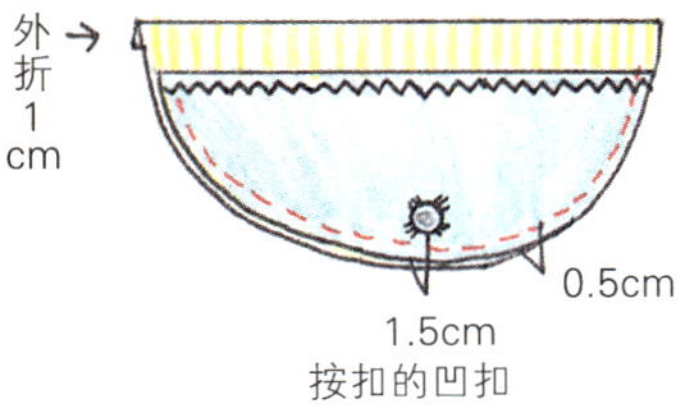

②将口袋疏缝固定在贴好厚衬的拉链袋表布上。表布上端往背面折1cm，接着缝上按扣的凹扣（共两组）。

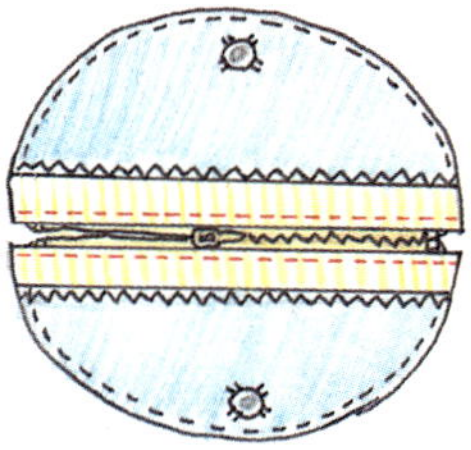

③将步骤②的两组表布与拉链缝合。

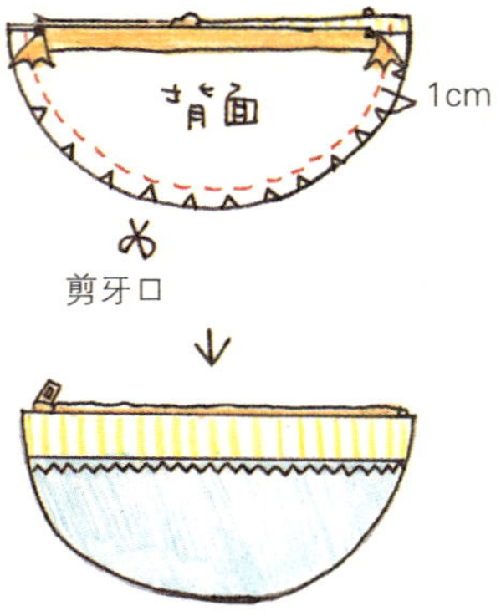

④步骤③正面相对对折，拉链拉开至中央处，机缝圆弧边，剪牙口后翻回正面。

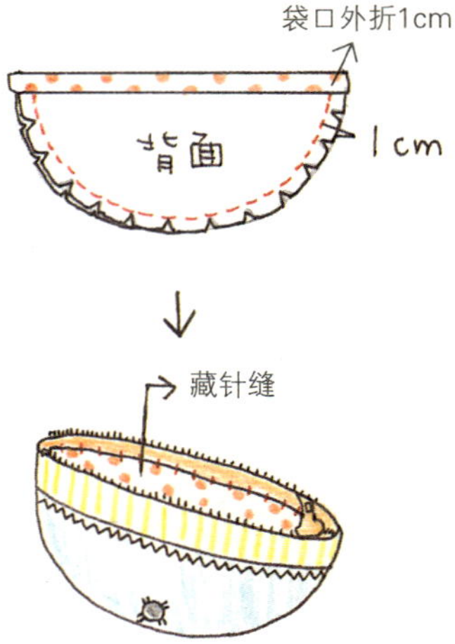

⑤如图，沿圆弧边缝合两块正面相对的拉链袋里布，袋口往背面折1cm后烫平，剪牙口，然后将里袋以藏针缝缝入表袋中。

2 制作盖子。

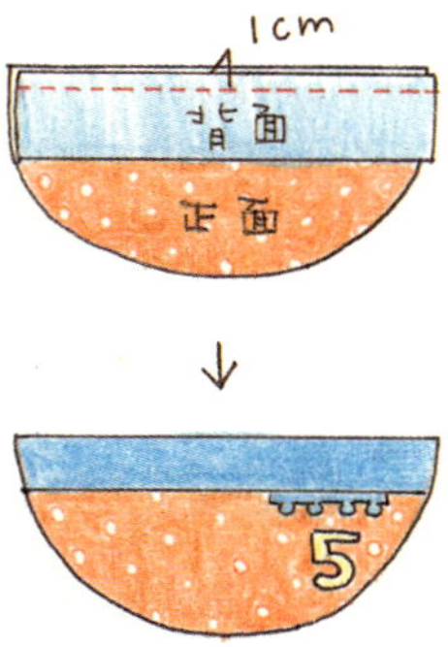

①拼接盖子表布上片和贴好厚衬的盖子表布下片（共两组）。取1片表布，手缝上豆豆缎带和数字5。

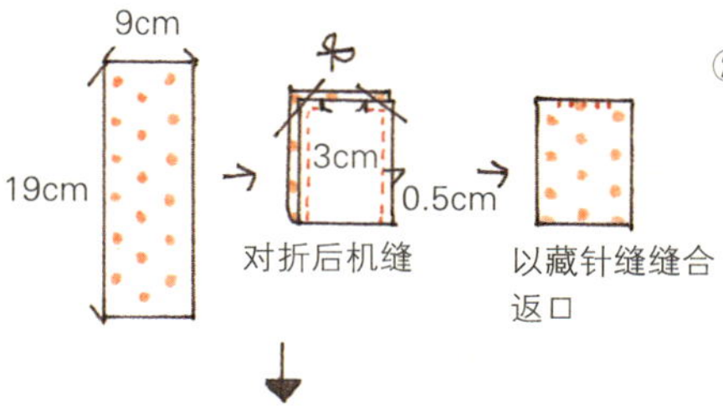

②如左图，缝合盖子内口袋后，将它缝在贴好厚衬的盖子里布上，并缝上按扣的凸扣（共两组）

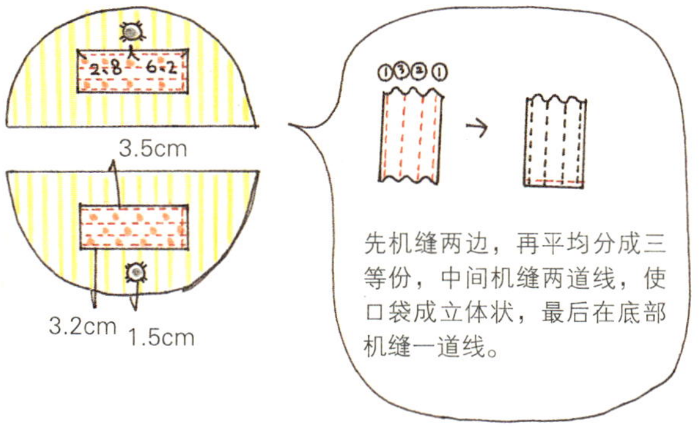

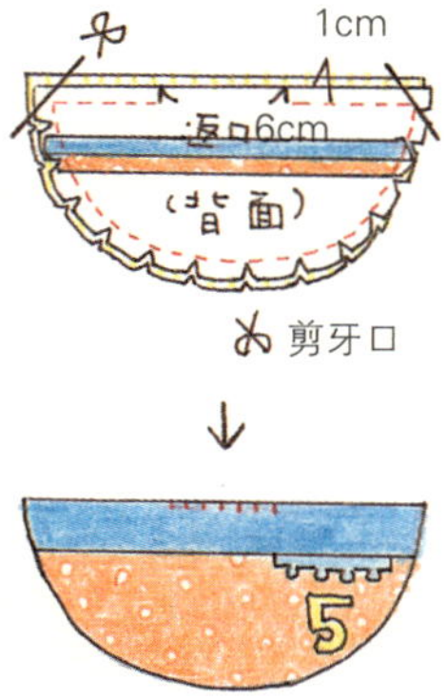

③盖子表布和盖子里布分别正面相对，预留6cm返口，机缝一圈。剪掉两个角的缝份并剪牙口后，翻回正面熨烫平整，以藏针缝缝合返口（共两组）。

3 将完成的两片盖子以藏针缝缝在拉链袋上即完成。

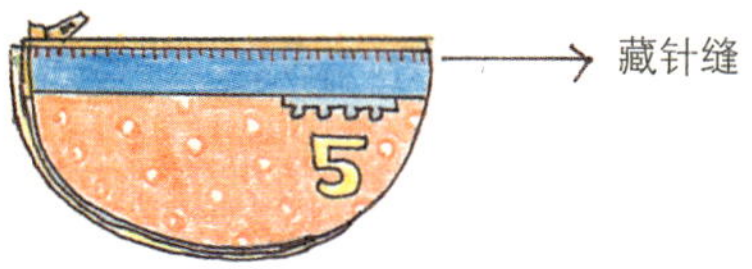

皮尺背带——

大容量手作工具包

作品p32

完成尺寸

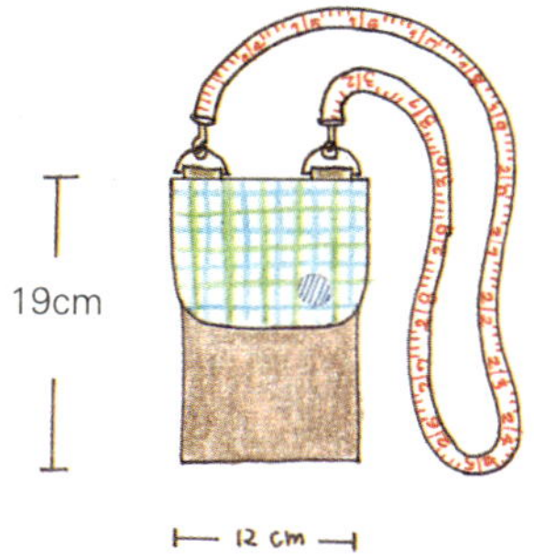

布料裁剪图

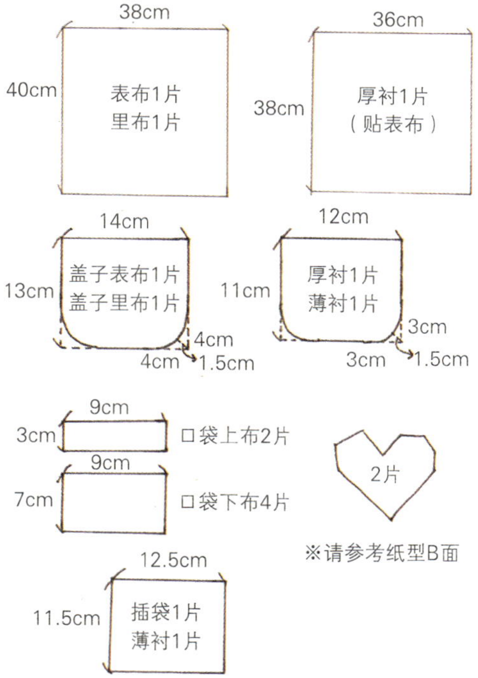

材料

◆含1cm缝份

·外袋		
表布（卡其色酒袋布）	40cm×38cm	1片
厚衬（贴表布）	38cm×36cm	1片
里布（卡其色圆点布）	40cm×38cm	1片
盖子表布（蓝绿格纹布）	13cm×14cm	1片
厚衬（贴盖子表布）	11cm×12cm	1片
盖子里布（卡其色圆点布）	13cm×14cm	1片
薄衬（贴盖子里布）	11cm×12cm	1片
亚麻缎带	5cm	2段
·内部（含0.5cm缝份）		
口袋上布（蓝绿格纹）	3cm×9cm	2片
口袋下布（卡其色圆点布）	7cm×9cm	4片
插袋（卡其色圆点布）	11.5cm×12.5cm	1片
薄衬（贴插袋）	11.5cm×12.5cm	1片
亚麻缎带	10cm	2段
·心形针插（含0.5cm缝份）		
白色棉麻布	9cm×8cm	2片
棉花		少许
·其他材料		
魔鬼毡	8cm	1组
包扣		1颗
D形环		2个
问号扣		2个
皮尺	110cm	1条
按扣		1组

制作方法

1 制作盖子。将魔鬼毡尖毛面机缝在贴好薄衬的盖子里布上，然后与贴好厚衬的盖子表布正面相对，机缝3边。剪牙口，翻回正面熨烫平整，再压缝一圈，手缝上包扣，机缝上套入D形环的亚麻缎带（5cm）。

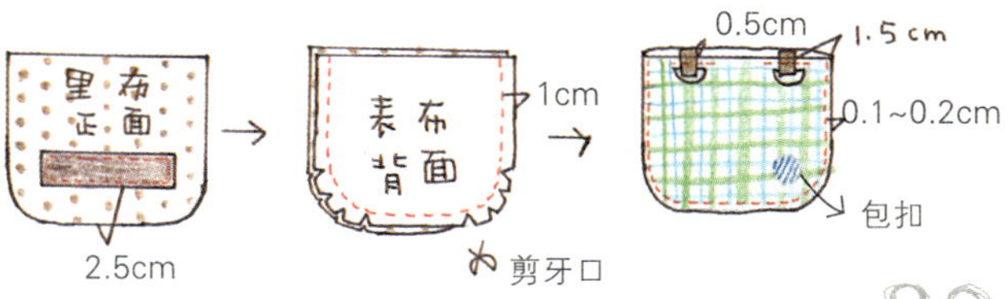

2 制作口袋。如图，将1片口袋上布和 2 片口袋下布拼接在一起，正面相对对折，预留4cm返口，机缝3边。剪去两个角的三角缝份后，翻回正面烫平，以藏针缝缝合返口。同法制作另一个口袋。

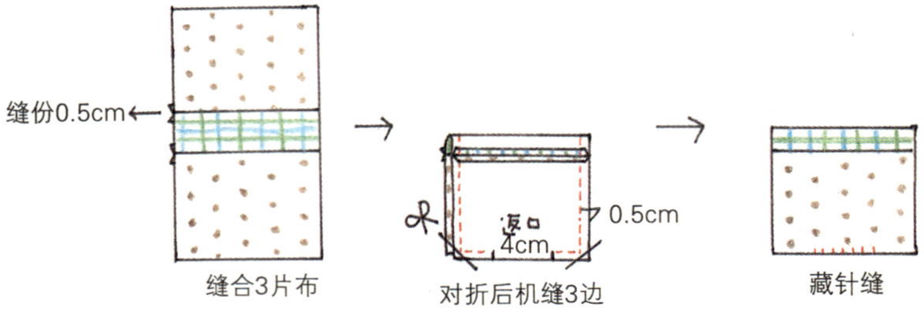

3 制作插袋。将贴好薄衬的插袋用布左、右和下边各往背面折0.5cm，上端折0.5cm后再折0.5cm，压缝上一道线。

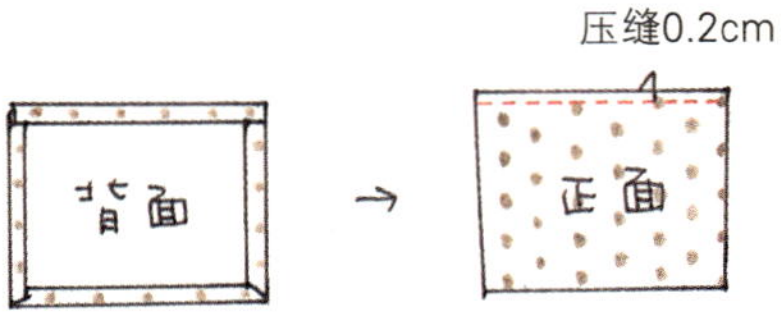

4 如图，将口袋、插袋、缎带（10cm）和魔鬼毡软毛面缝在贴好厚衬的表布上，接着机缝固定上盖子。

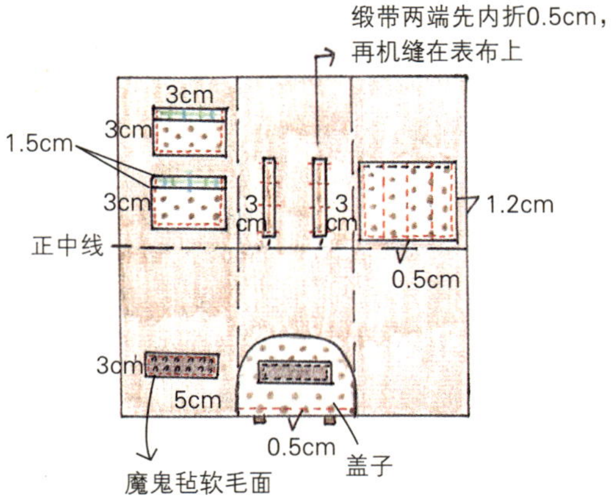

5 将步骤4做好的表布正面相对对折，机缝两边（里布同做法，但侧边需留10cm返口）。

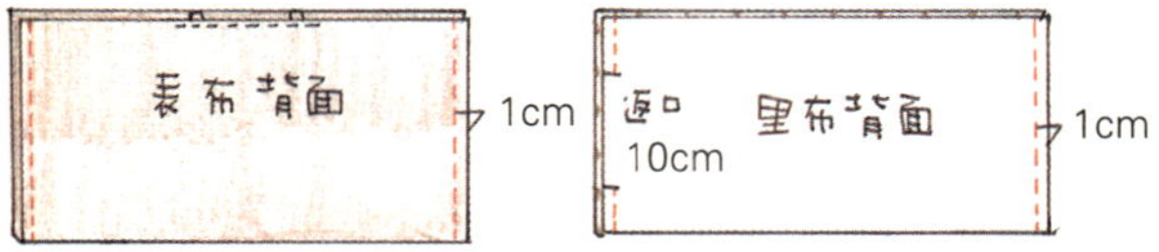

6 将步骤5做好的表袋翻回正面，套入里袋中（正面相对），对齐袋口机缝一圈，从里袋返口翻回正面，以藏针缝缝合返口，再压缝袋口一圈，机缝上两道分隔线，并缝上按扣的凸扣。

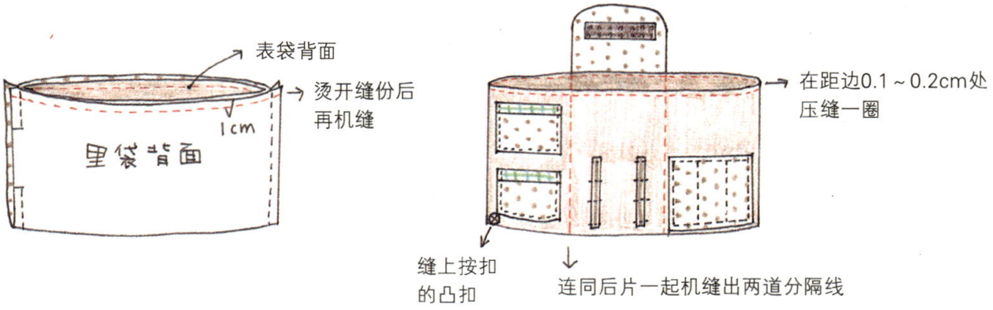

7 如图，缝上按扣的凹扣（折叠袋子，根据凸扣位置确定好凹扣的位置）。

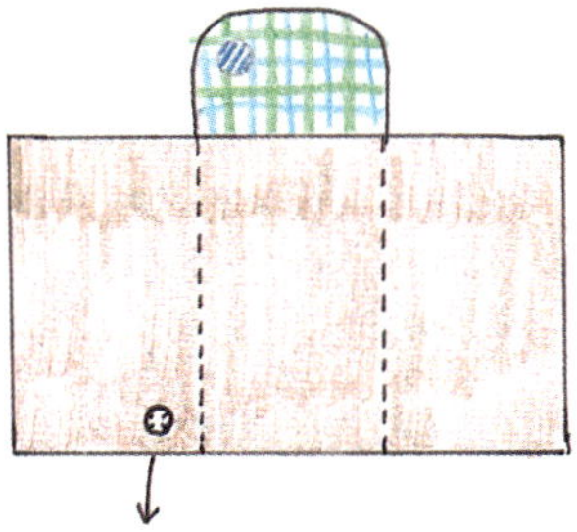

8 将两片白色棉麻布正面相对，预留3cm返口，机缝一圈。剪牙口，翻回正面，塞入棉花，以藏针缝缝合返口，最后以藏针缝将其固定在袋内。将皮尺两端套入问号扣的D形环中，内折2cm，机缝固定，然后将问号扣挂在工具包的D型环上即完成。

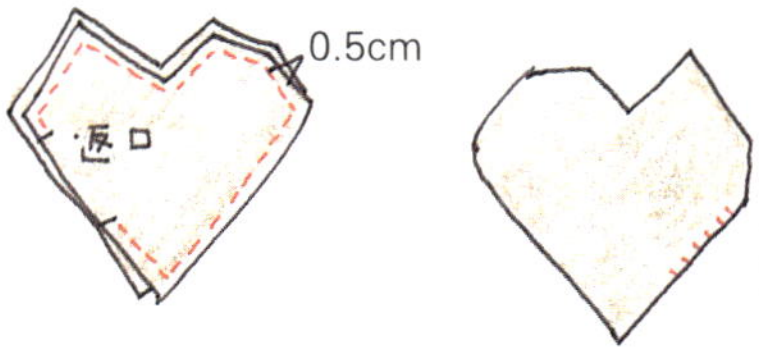

魔鬼毡也可以外露——

若草圈圈手作工具袋

作品p36

完成尺寸

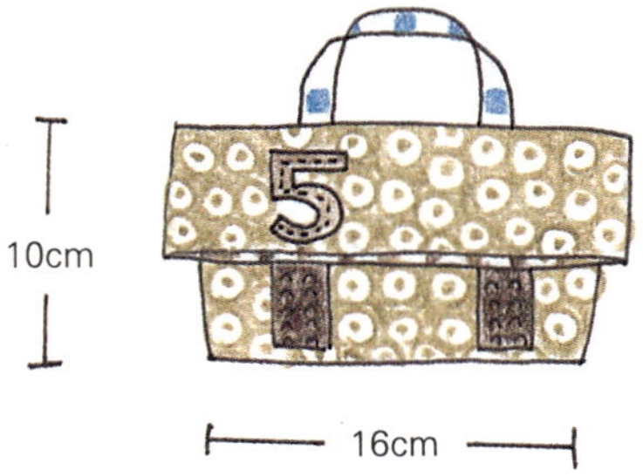

材料

◆含1cm缝份

表布（若草圈圈布）	38cm×22cm	1片
厚衬（贴表布）	38cm×22cm	1片
里布（条纹布）	38cm×22cm	1片
薄衬（贴里布）	2cm×2cm	4片
内口袋（条纹布）	13cm×11cm	1片
	（含0.5cm缝份）	
提带（蓝色方块布）	6cm×25cm	1片
数字5（咖啡色不织布）	3.5cm×3cm	1片
魔鬼毡尖毛面	12cm	1片
魔鬼毡软毛面	8cm	2片
按扣		2组

布料裁剪图

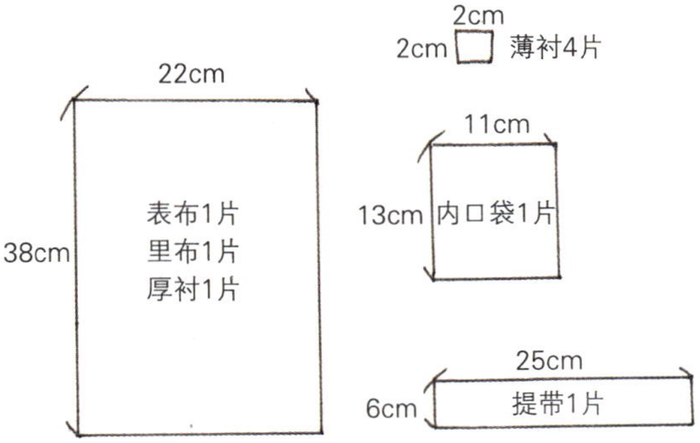

制作方法

1 制作内口袋。

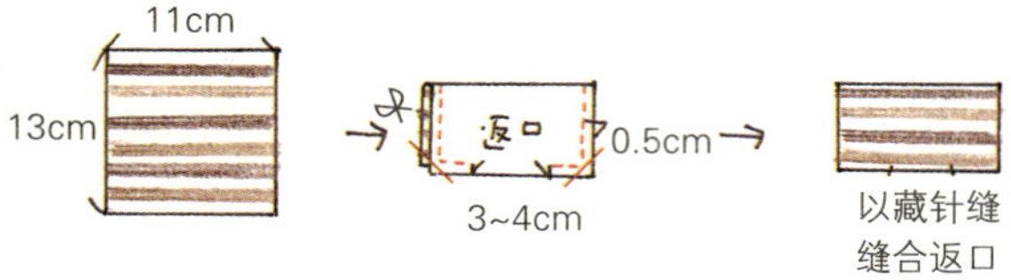

2 如图，在里布背面贴上4片薄衬，然后将内口袋机缝在里布正面。

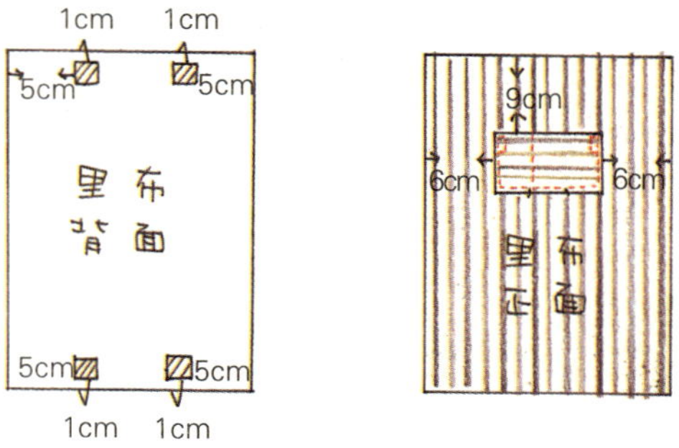

3 里布正面相对对折，预留7cm返口，机缝两边。抓底4cm后机缝，留0.5cm缝份，裁去多余的三角缝份，以锯齿状针脚压缝一道线。

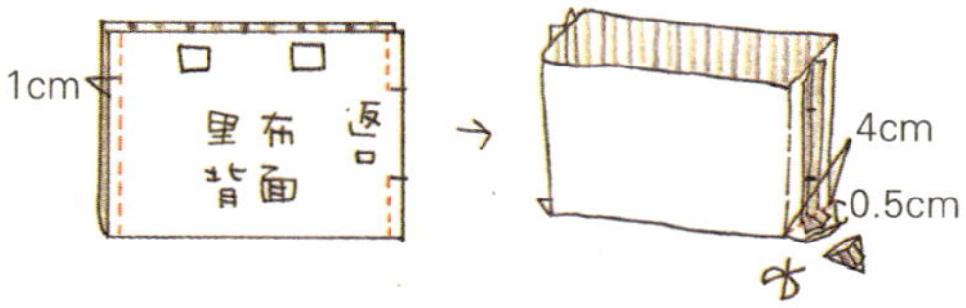

4 缝制提带。

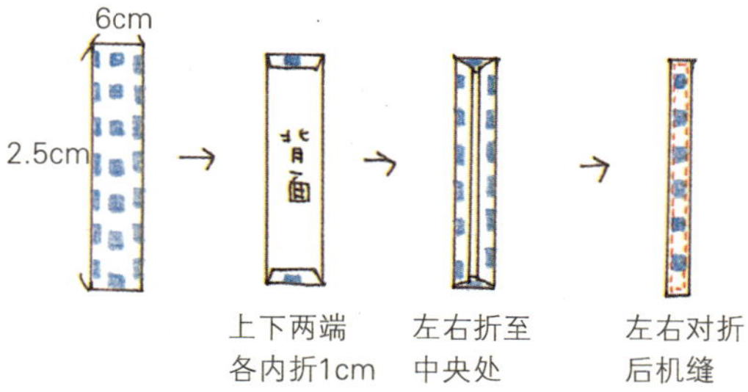

5 在贴好厚衬的表布上机缝上魔鬼毡、提带和数字5。

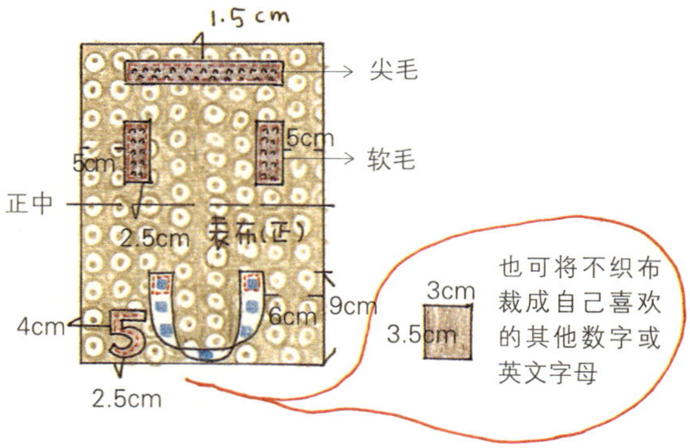

6 表布正面相对对折，机缝两边，抓底4cm后机缝，留0.5cm缝份，裁去多余的三角缝份，以锯齿状针压缝一盖线（请参考步骤3里袋的做法图）。

7 表袋翻回正面，套入里袋中（正面相对），对齐袋口机缝一圈，由里袋返口翻回正面，以藏针缝缝合返口。压缝袋口一圈，在里袋袋口缝上两组按扣即完成。

偶尔也要滚个边——

海军风手作工具收纳包

作品p38

完成尺寸

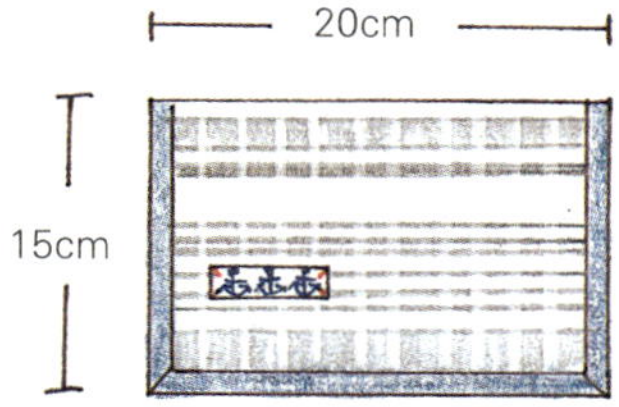

布料裁剪图

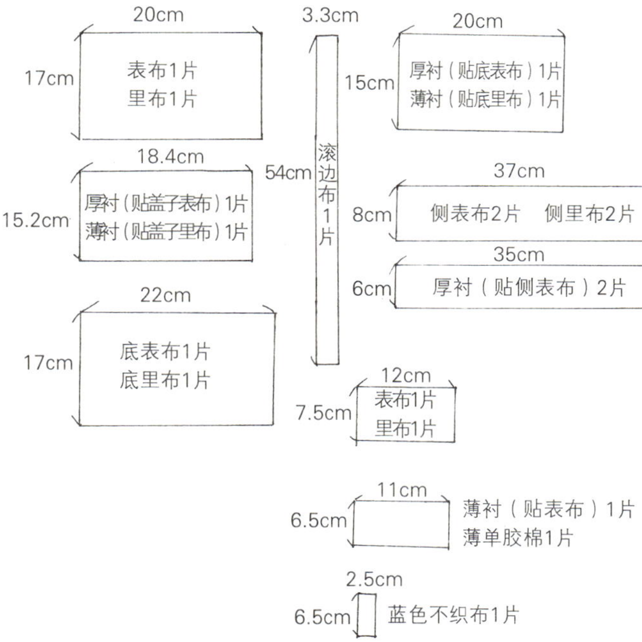

材料

◆含1cm缝份（滚边布的缝份为0.8cm）

盖子表布（蓝白条纹布）	17cm×20cm	1片
厚衬（贴盖子表布）	15.2cm×18.4cm	1片
盖子里布（细条纹布）	17cm×20cm	1片
薄衬（贴盖子里布）	15.2cm×18.4cm	1片
船锚缎带5个图案长		1段
滚边布（深蓝色布）	3.3cm×54cm	1片
底表布（蓝白条纹布）	17cm×22cm	1片
厚衬（贴底表布）	15cm×20cm	1片
底里布（细条纹布）	17cm×22cm	1片
薄衬（贴底里布）	15cm×20cm	1片
侧表布（蓝白条纹布）	8cm×37cm	2片
厚衬（贴侧表布）	6cm×35cm	2片
侧里布（细条纹布）	8cm×37cm	2片
按扣		1组
浅蓝鹿皮绳	25cm	2条
松紧带	1cm×17cm 1cm×30cm	2条 1条

・手缝针收纳包（含0.5cm缝份）

表布（海军风棉麻布）	7.5cm×12cm	1片
薄衬（贴表布）	6.5cm×11cm	1片
里布（细条纹布）	7.5cm×12cm	1片
薄单胶棉（贴里布）	6.5cm×11cm	1片
蓝色不织布	6.5cm×2.5cm	1片
五爪扣		1组

制作方法

1 分别在贴好厚衬的盖子表布和贴好薄衬的盖子里布正面缝上船锚缎带和两条松紧带（1cm×17cm）。

船锚缎带左右内折1个图案再机缝固定。

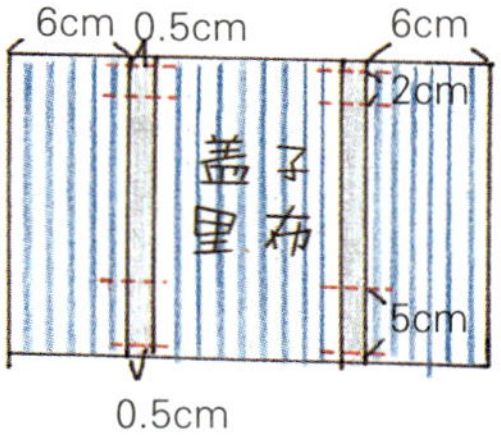

2 盖子表布与里布背面相对，以滚边布滚3边（一面机缝一面手缝）。

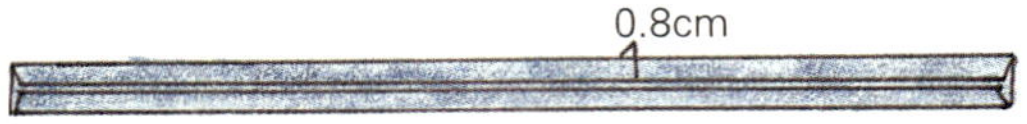

滚边布两边内折0.8cm，并烫出折痕。

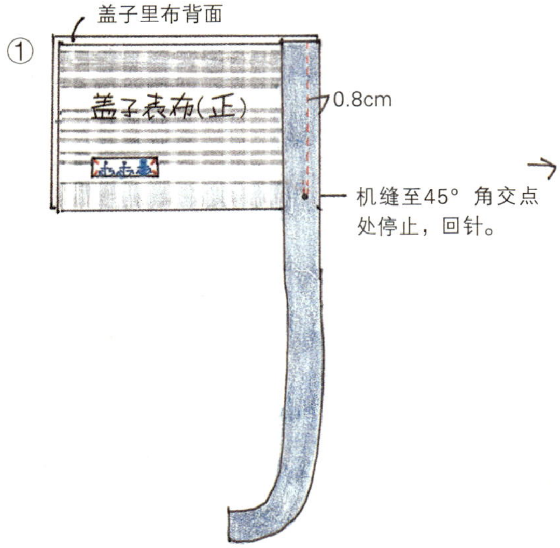

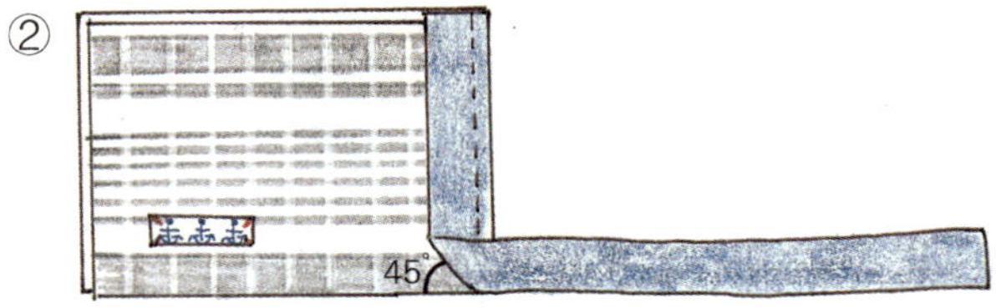

滚边布平行向右折，使折边呈45°角。

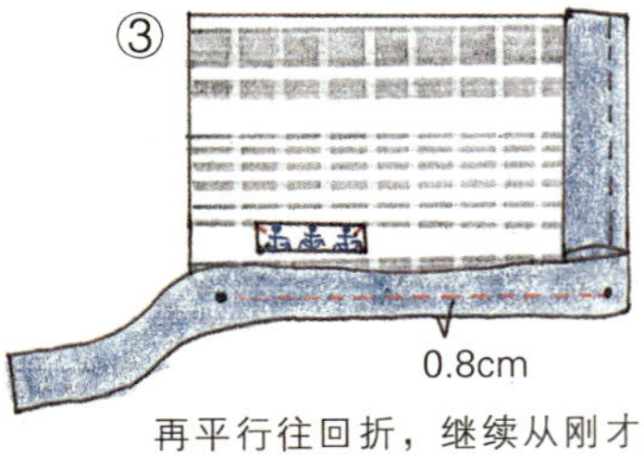

再平行往回折，继续从刚才止针处缝（记得回针）至下一个转角的45°角后回针。

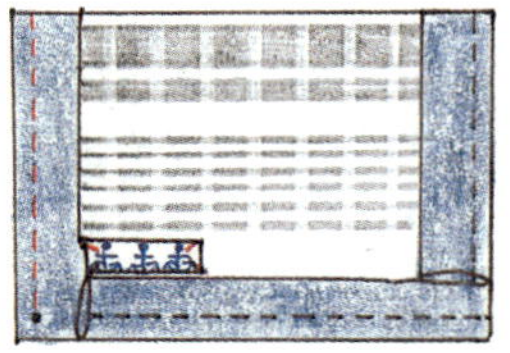

重复前面步骤至机缝完成。

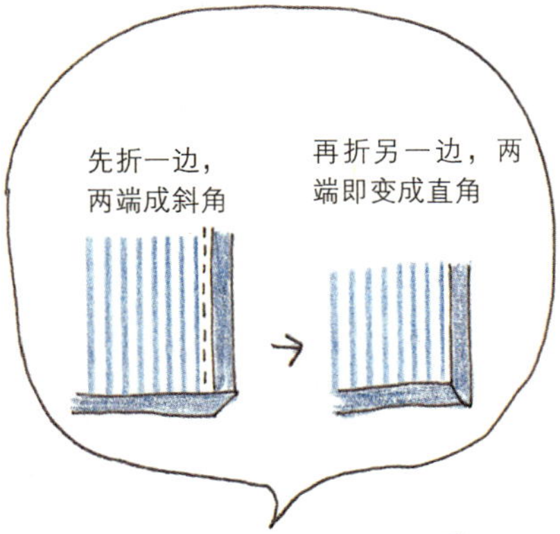

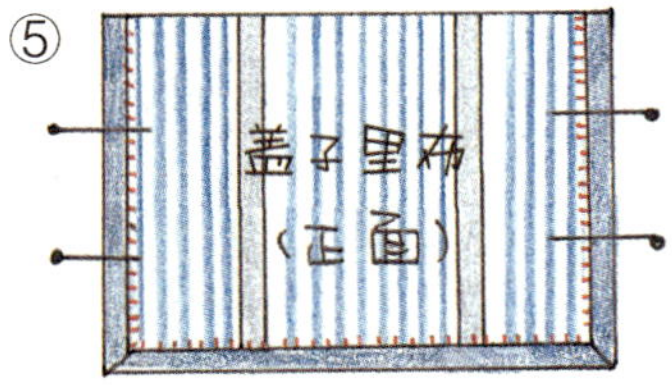

翻至另一面，整理好滚边布并用珠针固定，以藏针缝缝合。

3 两片贴好厚衬的侧表布正面相对，机缝两侧边（侧里布做法同），烫平两侧缝份。

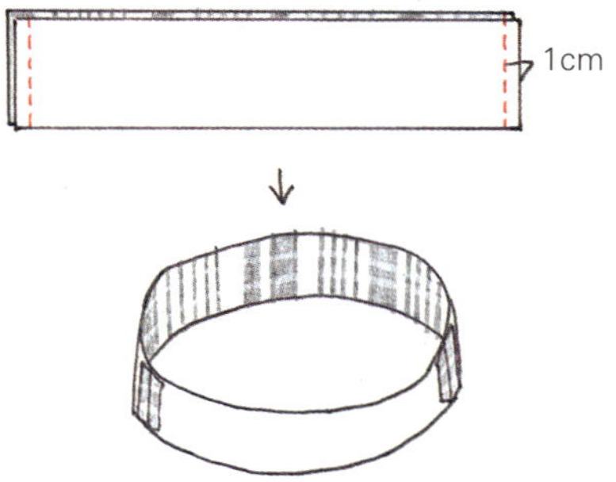

4 如图，缝合盖子、侧表布和贴有厚衬的底表布。剪去4个角的三角缝份，翻回正面，在侧表布机缝上鹿皮绳，在盖子里布和侧表布上缝上按扣。

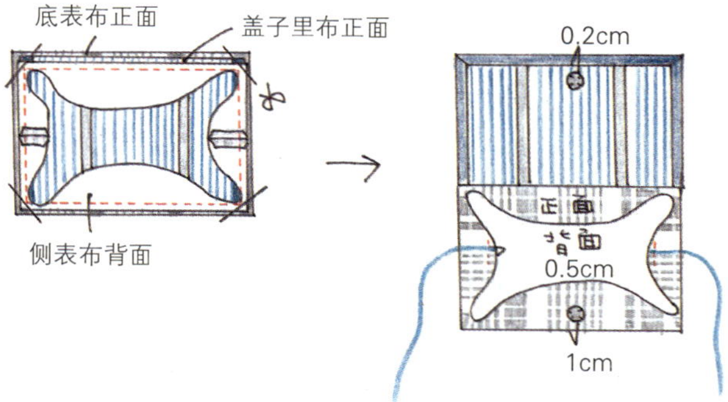

5 将松紧带（1cm×30cm）缝在贴好薄衬的底里布上，根据工具的宽度机缝上间隔线，最后裁去多余的松紧带（可先放入工具，取好立体宽度后再机缝出间隔线）。

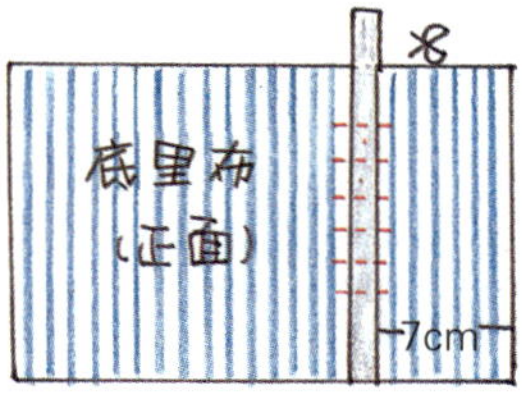

6 如图，缝合侧里布和底里布，剪去4个角的三角缝份。

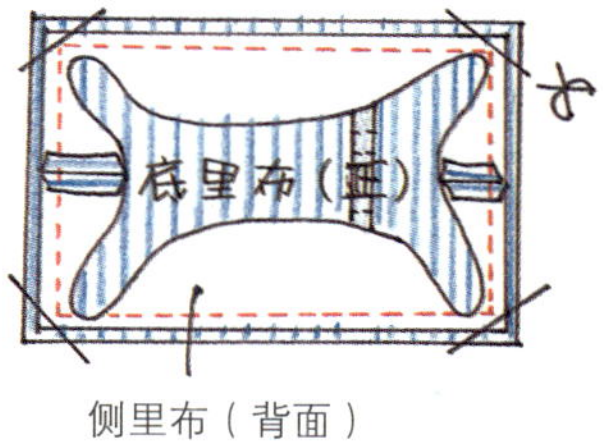

7 步骤4做好的表袋袋口和步骤6做好的里袋袋口分别往背面折1cm后烫平，将里袋套入表袋中（背面相对），在距离袋口0.2cm处压缝一圈。

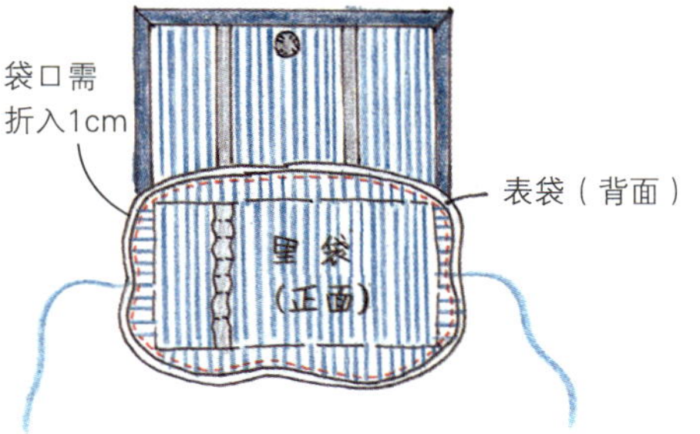

8 制作手缝针收纳包。

①表布和里布正面相对，预留4cm返口，机缝一圈。剪牙口后翻回正面，以藏针缝缝合返口。

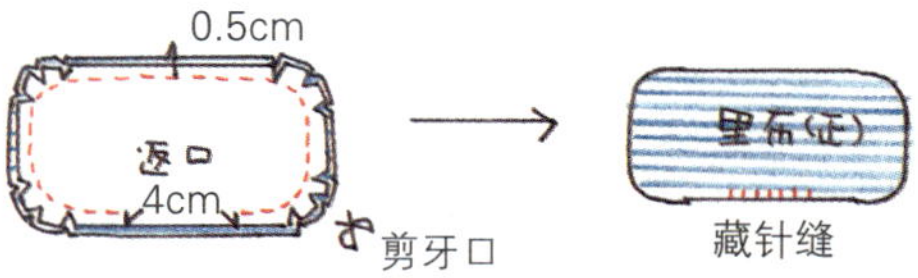

②手缝上蓝色不织布，并钉上五爪扣。

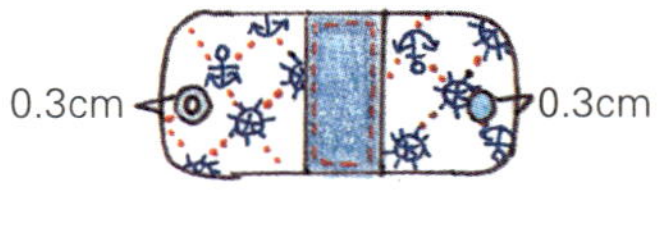

大家排排站——
绣线收纳包

作品p40

完成尺寸

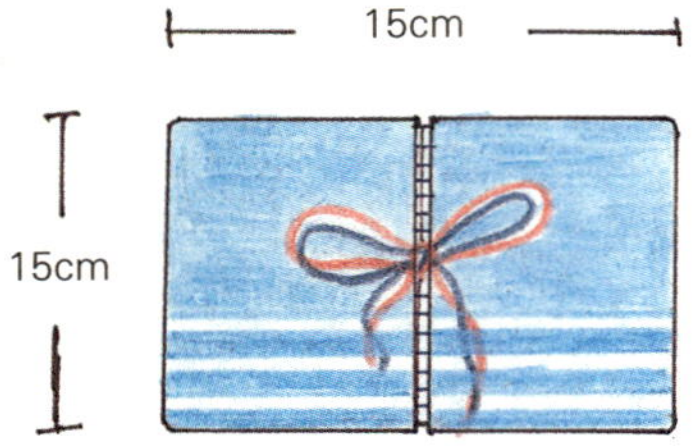

材料

◆含1cm缝份

表布（细格子布）	28cm×20cm	1片
厚衬（贴表布）	26cm×18cm	1片
里布（细格子布）	28cm×20cm	1片
薄衬（贴里布）	28cm×20cm	1片
盖子表布（浅蓝色棉麻布）	15cm×11cm	2片
厚衬（贴盖子表布）	13cm×9cm	2片
盖子装饰（白色棉布）	0.6cm×11cm	6片
薄衬（贴盖子装饰）	0.6cm×11cm	6片
盖子里布（粉橘底蓝点布）	15cm×11cm	2片
薄衬（贴盖子里布）	13cm×9cm	2片
口袋（浅蓝色棉麻布）	8.5cm×11cm	2片
薄衬（贴口袋）	6.5cm×9cm	2片
固定条（浅蓝色棉麻布）	4.8cm×18cm	2片
扣带（亚麻缎带）	8cm	11段
0.7cm按扣		11组
蕾丝	7cm（左口袋）	1段
	5cm（右口袋）	1段
绑绳（蓝白红条纹细缎带）	34cm	2条

布料裁剪图

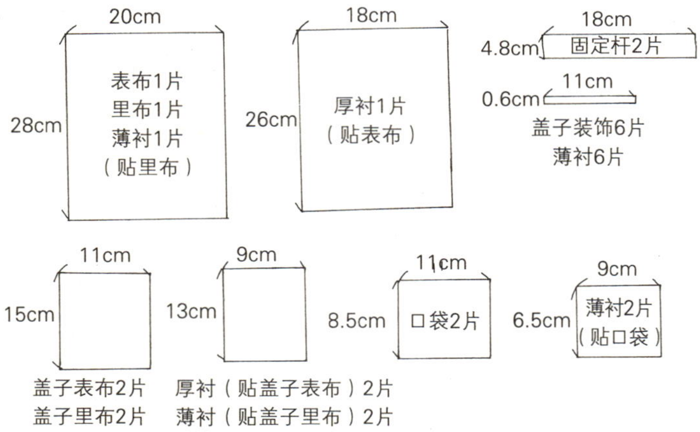

制作方法

1 口袋用布贴好薄衬，上端内折0.5cm后再内折0.5cm，并烫平（共2片）。在正面机缝上蕾丝，并将它疏缝固定在贴好薄衬的盖子里布上。取1条扣带，一端折1cm后再折1cm，机缝一圈后，机缝固定在里布上方。

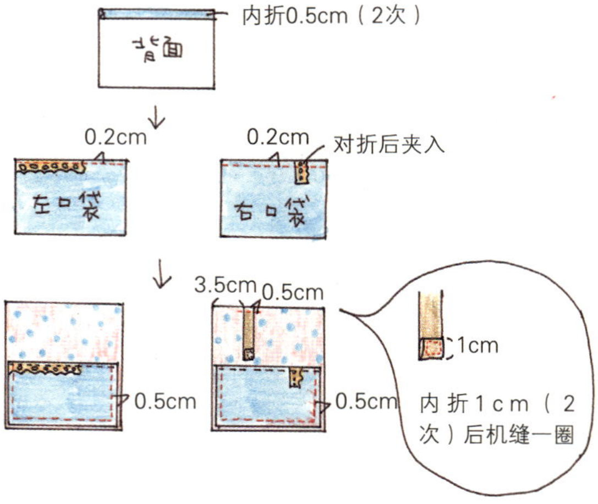

2 盖子装饰布烫上薄衬后，以平针缝缝在贴好厚衬的盖子表布上。

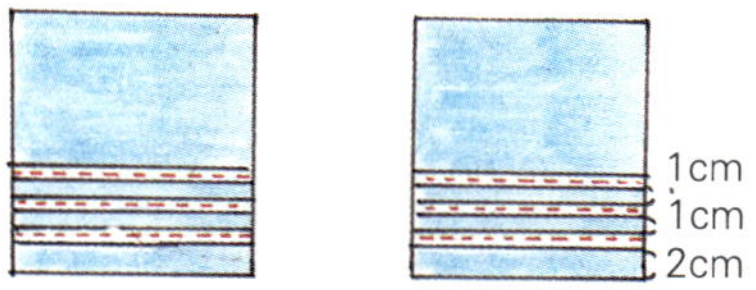

3 将绑绳对折，机缝固定在盖子表布上。将盖子表布和盖子里布正面相对，机缝3边（共两组）。剪去两个角的三角缝份后，翻回正面烫平，再压缝3边。

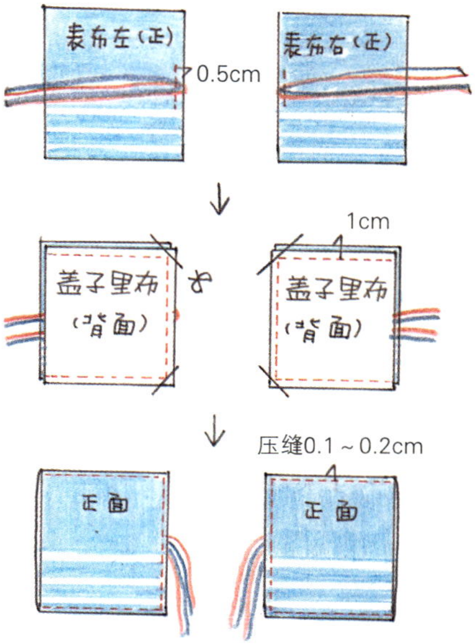

4 两条固定条用布，两端分别内折1cm，上下两长边对折至中心线，再次对折后烫平。将10条扣带一端内折1cm后再内折1cm，机缝方形重叠处一圈。

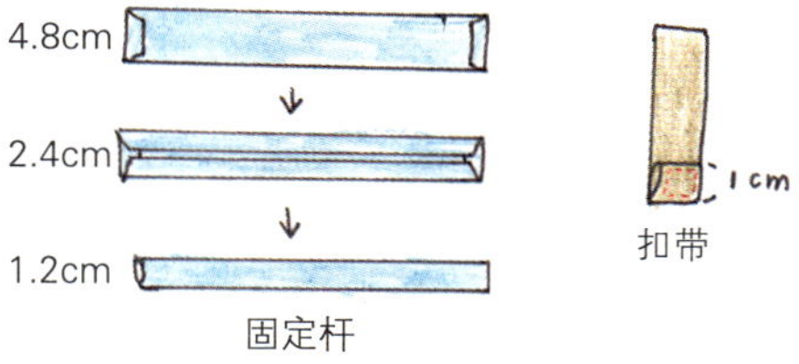

5 将步骤4的固定杆和扣带以珠针固定在贴好薄衬的里布上，机缝固定（扣带夹入固定杆中）。接着在扣带一端（内折处）和相对应的固定杆上缝上按扣（共10组）。

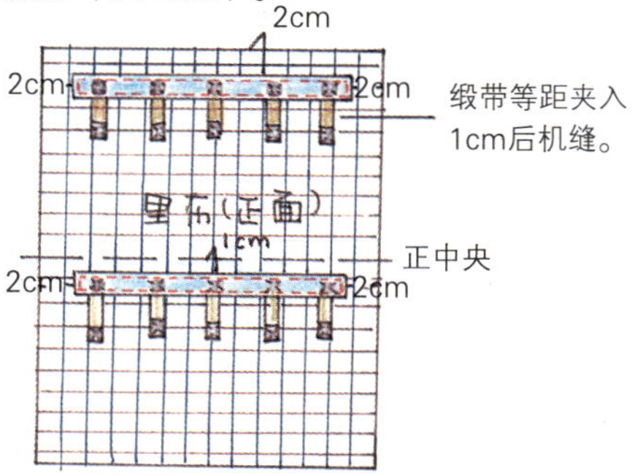

6 将盖子固定在贴好厚衬的表布上，在盖子上的扣带上缝上按扣。

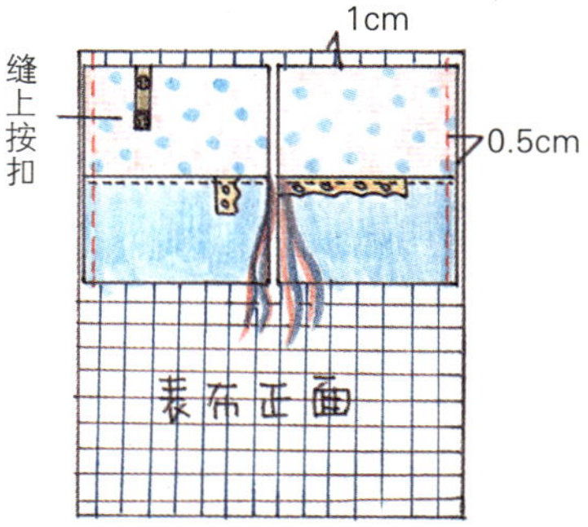

7 表布和里布正面相对，预留8cm返口，机缝一圈。剪去4个角的三角缝份，翻回正面熨烫平整，以藏针缝缝合返口即完成。

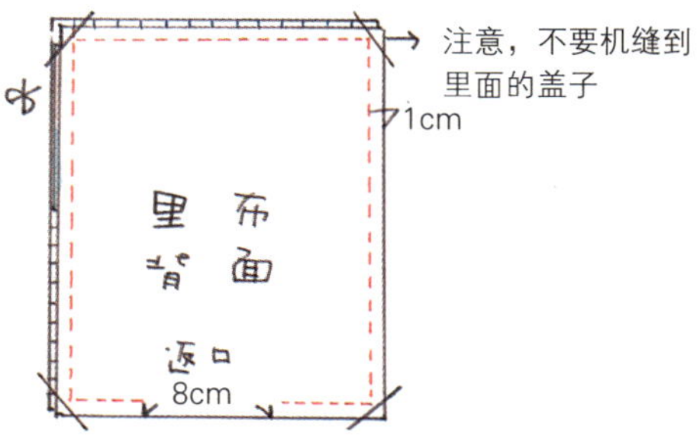

大家都有窝——

棉麻手作工具包

作品p42

完成尺寸

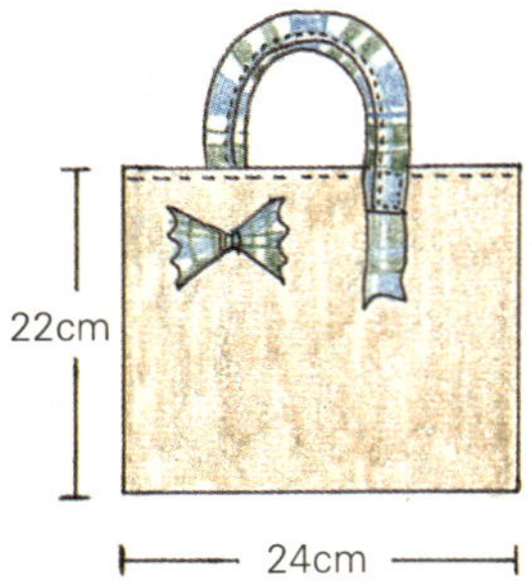

布料裁剪图

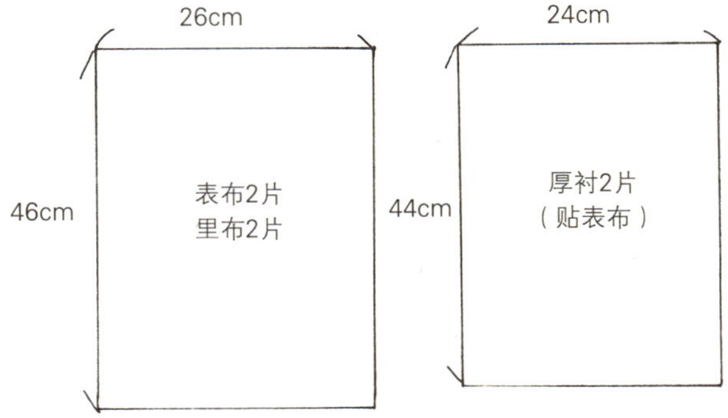

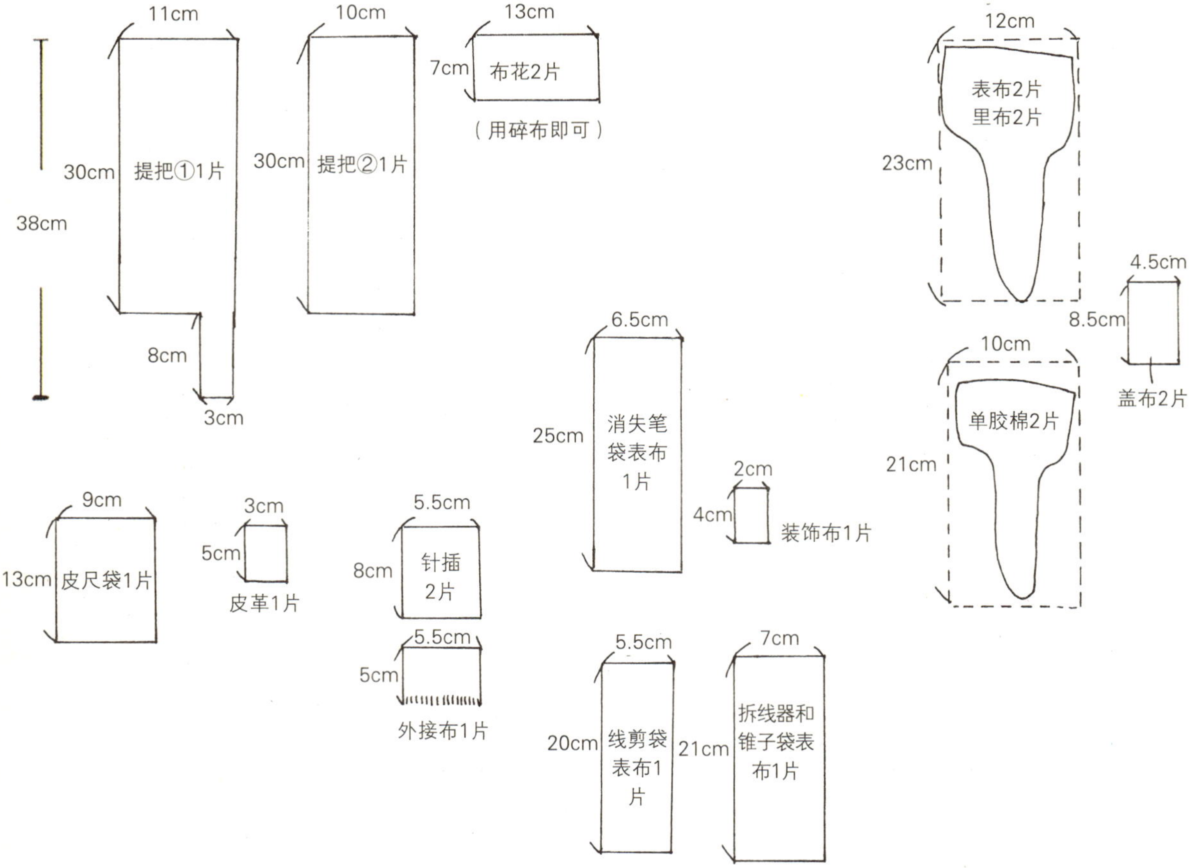

材料

◆含1cm缝份

·提袋		
表布（自然棉麻布）	46cm×26cm	2片
厚衬（贴表布）	44cm×24cm	2片
里布（格子布）	46cm×26cm	2片
魔鬼毡	1.25cm×4cm	2组
提把①（蓝绿格子布）	38cm×11cm	1片
提把②（蓝绿格子布）	30cm×10cm	1片
布花（蓝绿格子布）	7cm×13cm	2片
按扣		2组
·皮尺袋（含0.5cm缝份）		
表布（咖啡底绿点布）	13cm×9cm	1片
皮革	5cm×3cm	1片
·针插（含0.5cm缝份）		
表布（咖啡底绿点布）	8cm×5.5cm	2片
外接布（细条纹布）	5cm×5.5cm	1片
棉花		少许
黄色扣子		1颗

·消失笔袋（含0.5cm缝份）		
表布（绿白条纹布）	25cm×6.5cm	1片
装饰布（米色底咖啡点布）	4cm×2cm	1片
·布剪袋（也可依自己的剪刀尺寸裁剪）		
表布（绿白条纹布）	23cm×12cm	2片
单胶棉（贴表布）	21cm×10cm	2片
里布（黄色棉麻布）	23cm×12cm	2片
盖布（米色咖啡点布）	8.5cm×4.5cm	2片
蕾丝	3cm	1条
魔鬼毡	1cm×2cm	1组
·线剪袋（含0.5cm缝份）		
表布（细条纹布）	20cm×5.5cm	1片
·拆线器和锥子袋（含0.5cm缝份）		
表布（咖啡底绿点布）	21cm×7cm	1片
·其他材料		
木扣		1颗
细麻绳	35cm	1条

制作方法

1 制作皮尺袋、消失笔袋、拆线器和锥子袋、线剪袋。表布正面对折，预留3~4cm返口，机缝3边。剪去两个角的三角缝份后，翻回正面烫平，以藏针缝缝合返口。

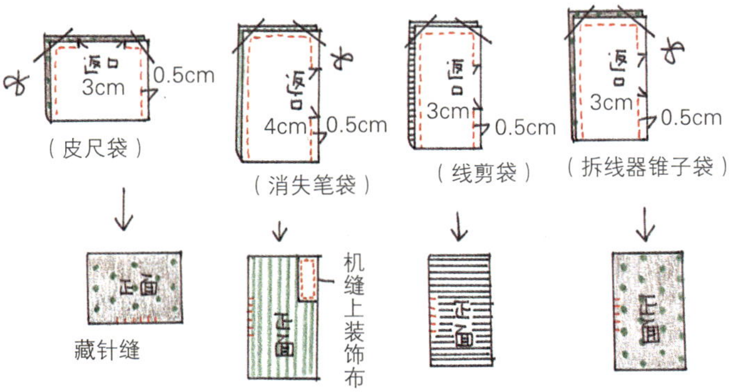

2 制作针插。将外接布机缝在一片表布上，与另一片表布正面相对，预留2.5cm返口，机缝一圈。剪去4个角的三角缝份，翻回正面，塞入棉花，以藏针缝缝合返口，然后缝上黄色扣子。

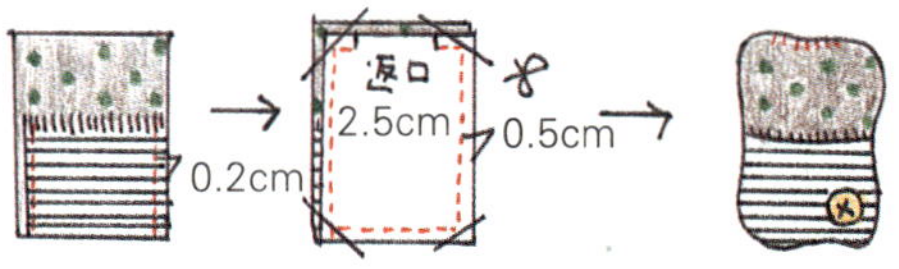

3 制作布剪袋。贴好单胶棉的两片表布正面相对，如图机缝，里布也正面相对，预留7cm返口，如图机缝。剪牙口后，表袋翻至正面，套入里袋中，对齐袋口机缝一圈。从里袋返口翻回正面，以藏针缝缝合返口，并在袋口压缝一圈。

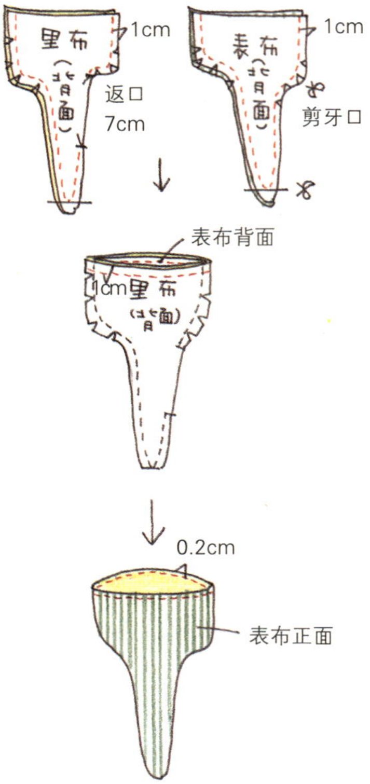

4 制作布剪袋的盖布。两片盖布正面相对，预留3cm返口，机缝一圈。剪去4个角的三角缝份，翻回正面，以藏针缝缝合返口。在一端机缝上魔鬼毡尖毛面，背面机缝上蕾丝。

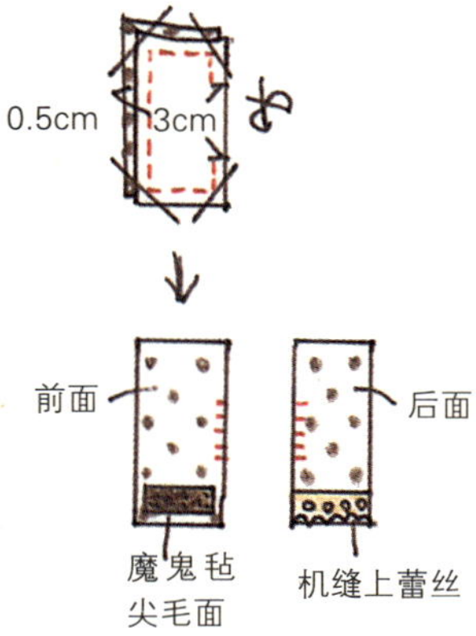

5 将步骤4做好的盖布机缝在布剪袋上，并在布剪袋正前方机缝上魔鬼毡的软毛面。

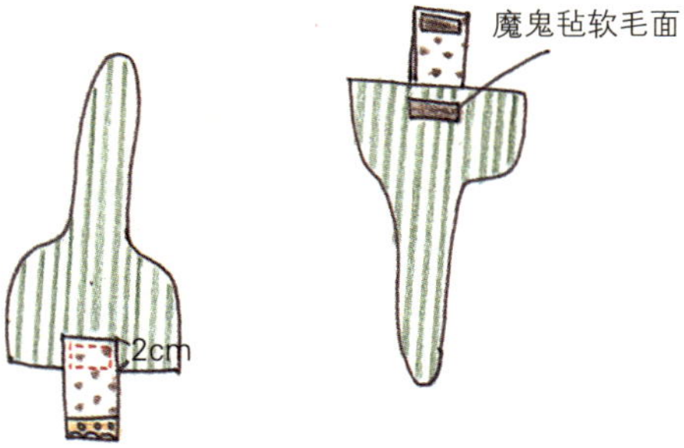

6 制作提把。

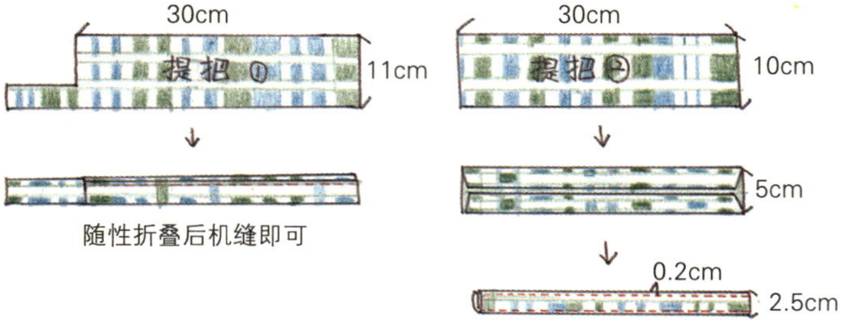

7 将提把机缝在一片贴好厚衬的表布上。

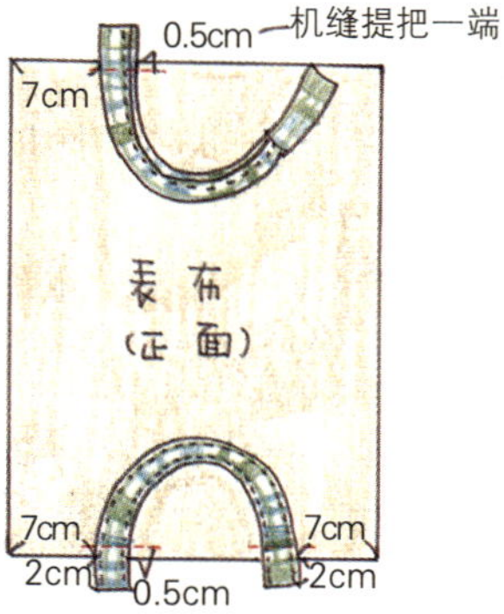

8 将皮尺袋、消失笔袋、细麻绳、线剪袋、拆线器和锥子袋机缝固定在另一片贴好厚衬的表布上，接着缝上两组按扣。

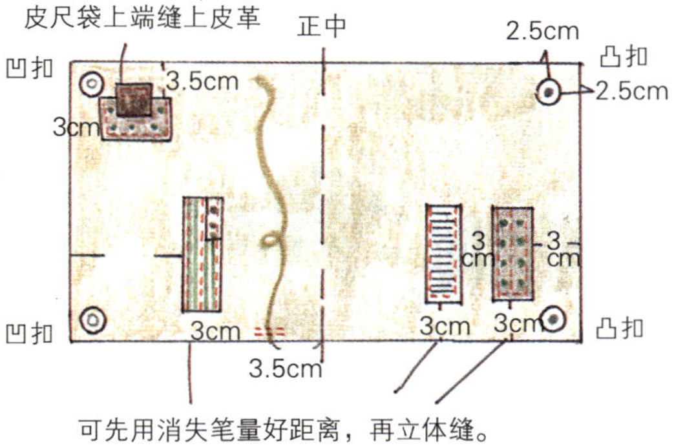

9 将步骤7和步骤8做好的两片表布正面相对，机缝两边。

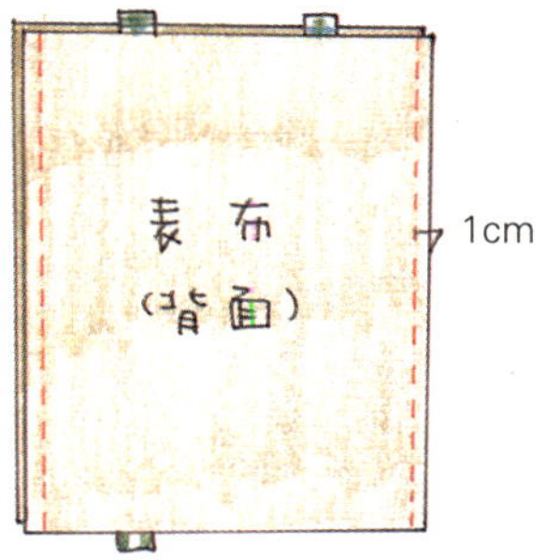

10 在两片里布上分别机缝上1.25cm×4cm的魔鬼毡。

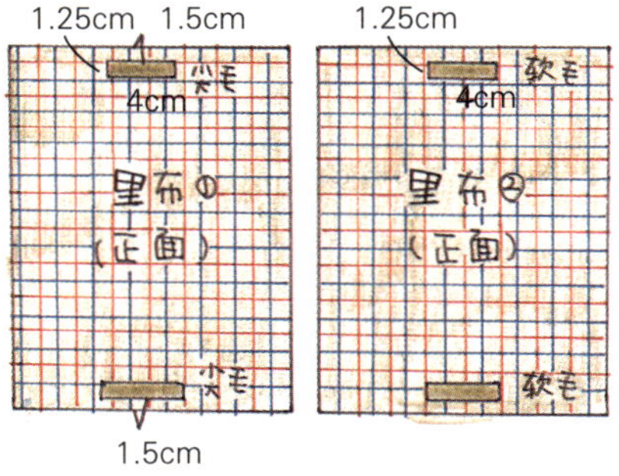

11 两片里布正面相对，机缝两边。

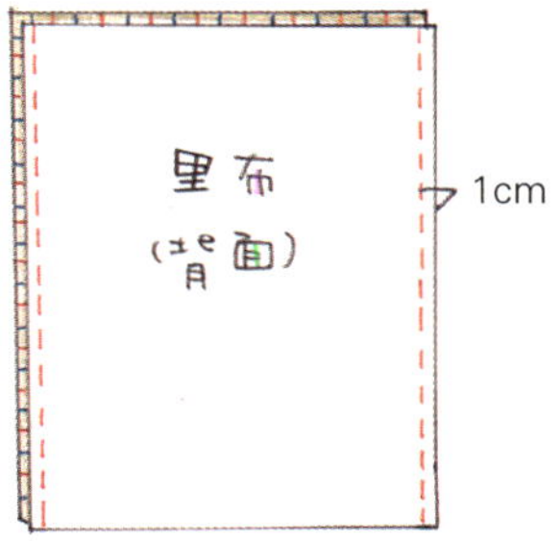

12 将步骤9做好的表袋翻回正面，套入里袋中，先机缝一边袋口一圈。翻回正面，压缝刚才缝的袋口一圈。另一端袋口的表布和里布各内折1cm，直接压缝一圈，并将提把的另一端手缝固定好。两片布花重叠后折叠，手缝固定在适当位置，最后在里布缝上木扣，再把布剪袋和针插以藏针缝固定上去即完成。

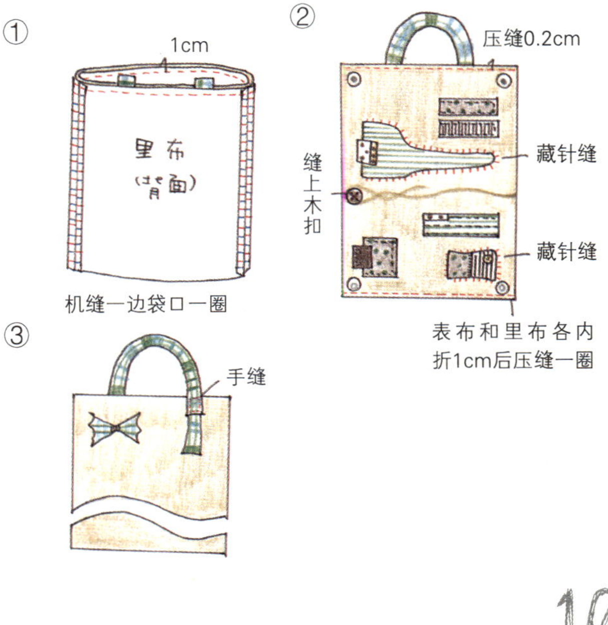

来年也要支持masaeshiro——

粉红棉麻布手账

作品p46

完成尺寸

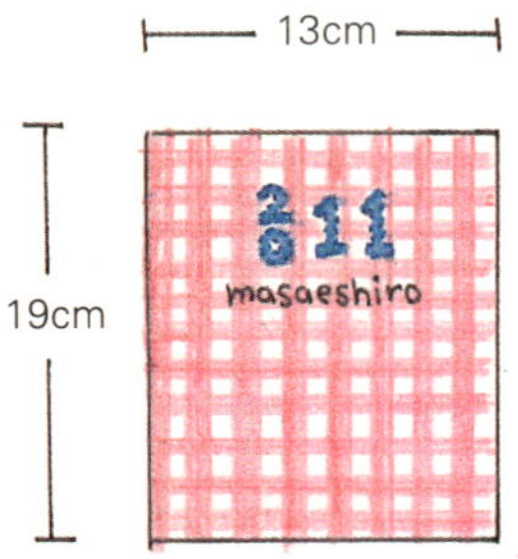

材料

◆含1cm缝份

缝份表布（粉红色格子布）	22cm × 30cm	1片
厚衬（贴表布）	20cm × 28cm	1片
里布（粉红色格子布）	22cm × 30cm	1片
左折封表布上片（黄色棉麻布）	6cm × 14cm	1片
薄衬（贴左折封表布上片）	4cm × 12cm	1片
左折封表布下片（黄色棉麻布）	18cm × 14cm	1片
薄衬（贴左折封表布下片）	16cm × 12cm	1片
左折封里布（蓝底白点布）	22cm × 14cm	1片
薄衬（贴左折封里布）	20cm × 12cm	1片
右折封表布（黄色棉麻布）	22cm × 12cm	1片
薄衬（贴右折封表布）	20cm × 10cm	1片
右折封里布（黄色棉麻布）	22cm × 12cm	1片
右折封中袋（灰白格子布）	16cm × 12cm	1片
右折封下袋（蓝底白点布）	12cm × 12cm	1片
小碎布（蓝底白点布）	5cm × 5cm	1片
薄衬（贴小碎布）	5cm × 5cm	1片
2011字样		1组
拉链	16cm	1条
英文缎带	3cm	1条
	6cm	2条

布料裁剪图

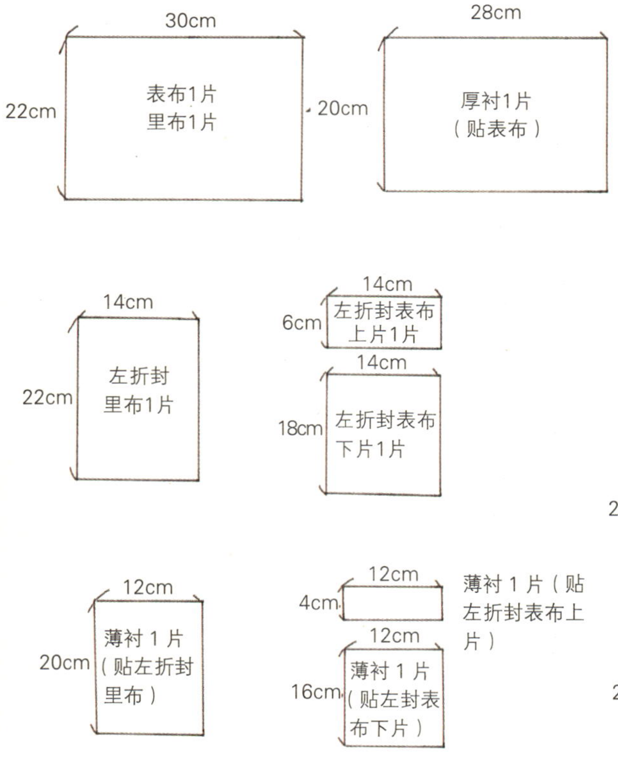

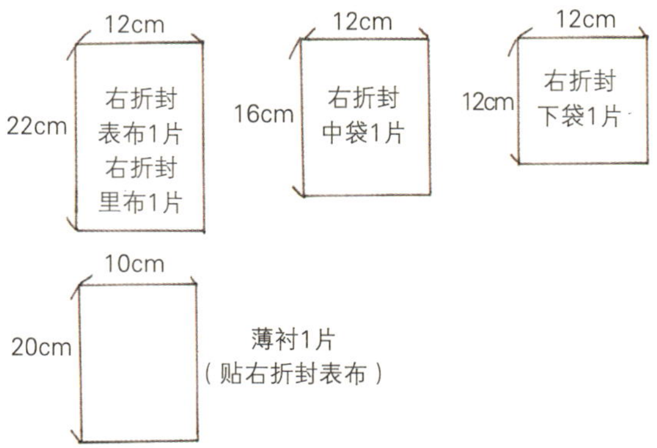

制作方法

1 在贴好厚衬的表布上摆好2011字样，以平针缝沿着边缘缝一圈。绣上masaeshiro字样，再机缝上1条英文缎带（6cm）。

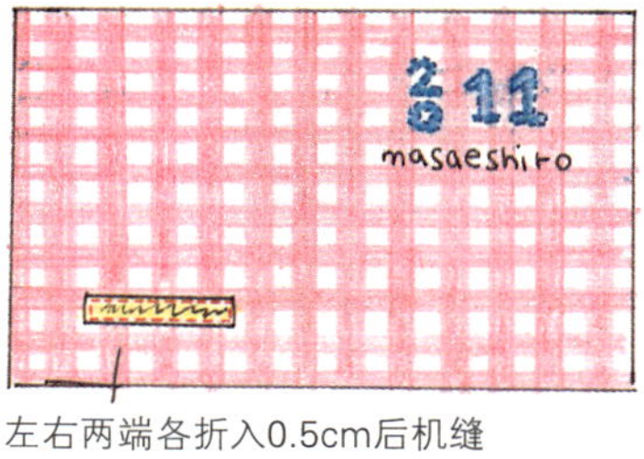

2 缝合拉链与贴好薄衬的左折封表布的上、下片。小碎布贴上薄衬后，裁成数字5，以锯齿状针机缝在内封表布下片上。

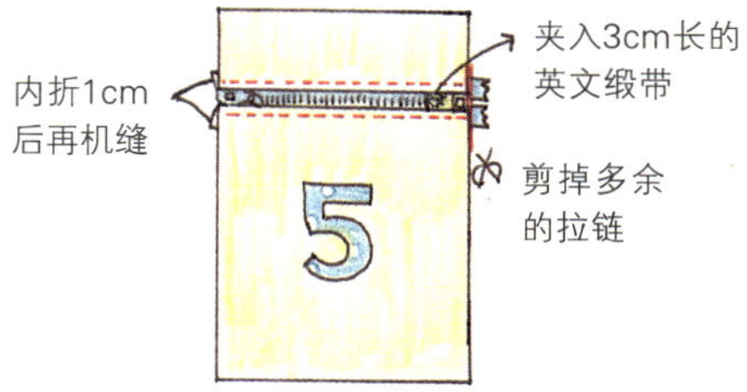

3 将步骤2做好的左折封表布与贴好薄衬的左折封里布背面相对放在一起，机缝一边。

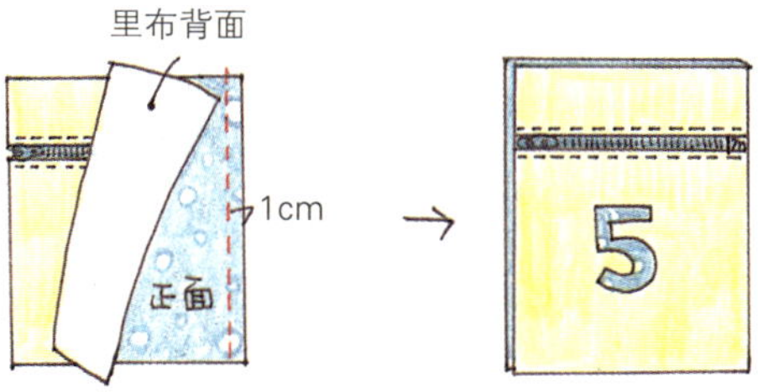

4 右折封中袋与下袋用布的上方往背面折2次0.5cm后，以锯齿状针拼接在一起。接着与英文缎带（6cm）一起固定在贴好薄衬的右折封表布上，与右折封里布正面相对放好，机缝左侧边，翻回正面烫平。

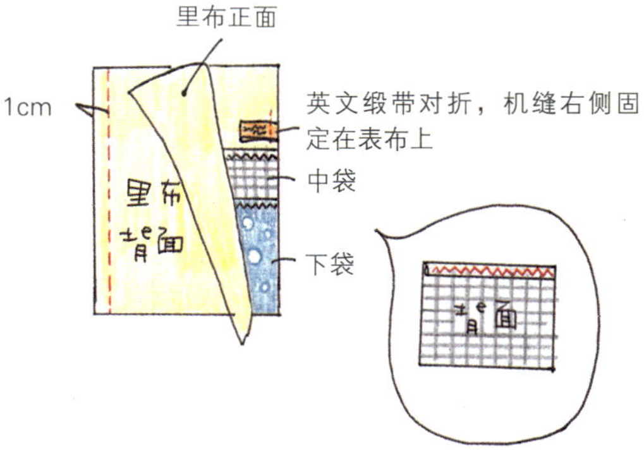

5 将左折封和右折封缝固定在里布上。

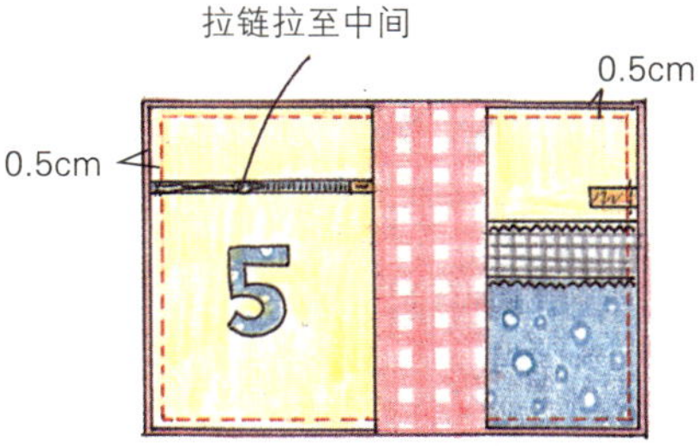

6 将步骤5做好的里布和步骤1做好的表布正面相对，预留7cm返口，机缝一圈。剪去4个角的三角缝份，翻回正面烫平，以藏针缝缝合返口即完成。

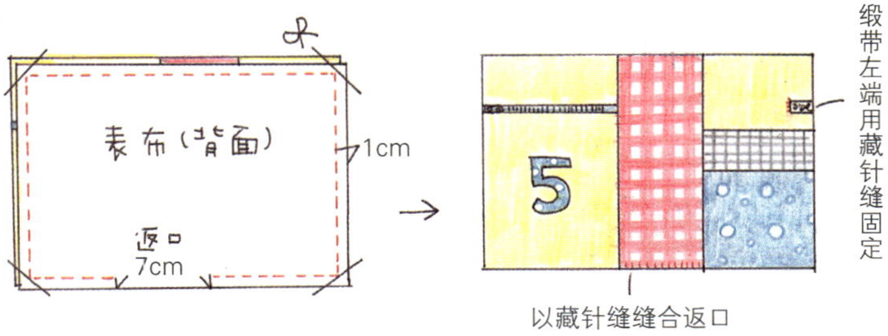

PART 3

插画、照片随时欣赏——
窗户相框布手账

作品p48

完成尺寸

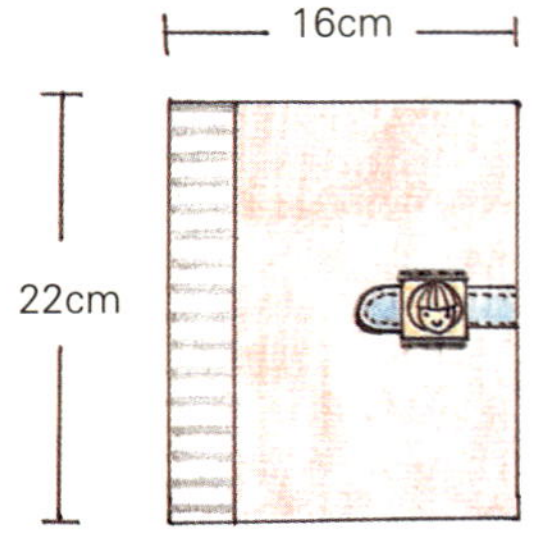

布料裁剪图

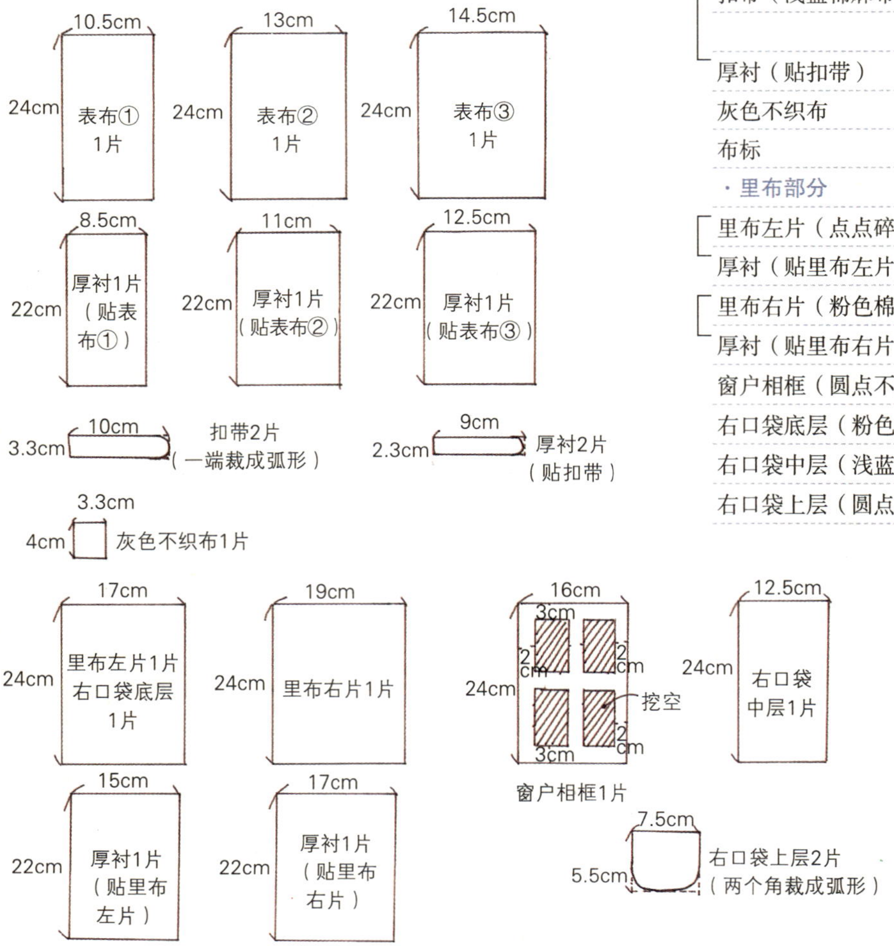

材料

◆含1cm缝份

·表布部分		
表布①（粉色棉布）	24cm × 10.5cm	1片
厚衬（贴表布①）	22cm × 8.5cm	1片
表布②（灰白条纹布）	24cm × 13cm	1片
厚衬（贴表布②）	22cm × 11cm	1片
表布③（粉色棉布）	24cm × 14.5cm	1片
厚衬（贴表布③）	22cm × 12.5cm	1片
扣带（浅蓝棉麻布）	3.3cm × 10cm （含0.5cm缝份）	2片
厚衬（贴扣带）	2.3cm × 9cm	2片
灰色不织布	4cm × 3.3cm	1片
布标	3.3cm × 3.3cm	1片
·里布部分		
里布左片（点点碎花布）	24cm × 17cm	1片
厚衬（贴里布左片）	22cm × 15cm	1片
里布右片（粉色棉布）	24cm × 19cm	1片
厚衬（贴里布右片）	22cm × 17cm	1片
窗户相框（圆点不织布）	24cm × 16cm	1片
右口袋底层（粉色棉布）	24cm × 17cm	1片
右口袋中层（浅蓝棉麻布）	24cm × 12.5cm	1片
右口袋上层（圆点不织布）	5.5cm × 7.5cm	2片

制作方法

1 缝合布标和灰色不织布，并缝制扣带（扣带用布贴好厚衬，正面相对放好，预留4cm返口机缝）。

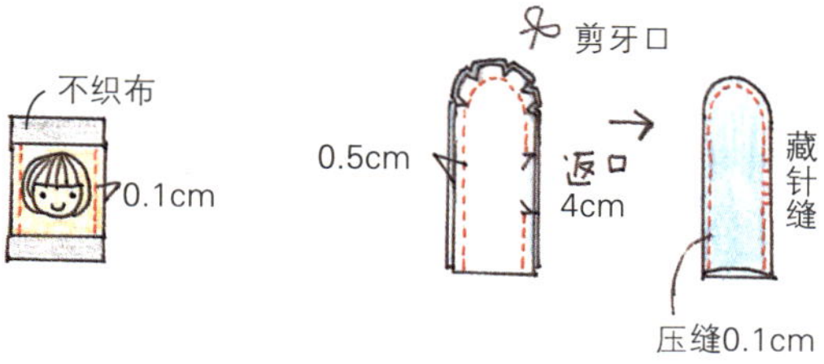

2 缝合3片贴好厚衬的表布，如图，将步骤1的布标和扣带机缝固定在表布上。

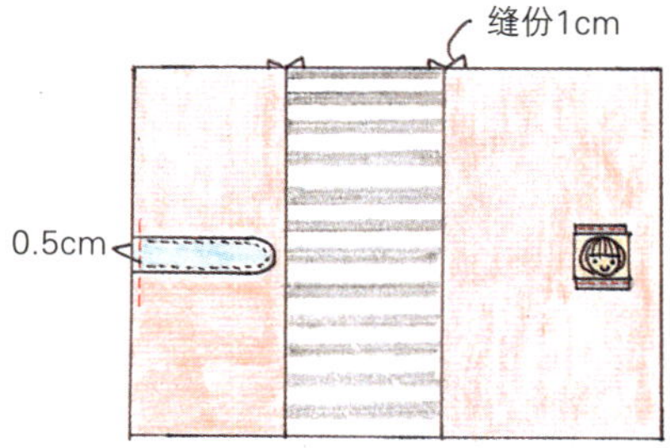

3 右口袋底层和中层一端分别往背面折0.5cm后再折0.5cm，压缝一道线。把不织布口袋机缝在右口袋中层后，再将右口袋中层机缝在底层上。

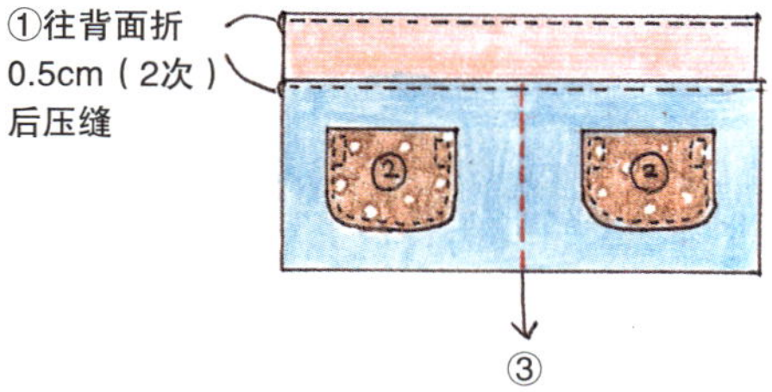

4 将贴好厚衬的里布左片和右片拼接在一起。将不织布窗户和步骤3的右口袋机缝固定在里布上。

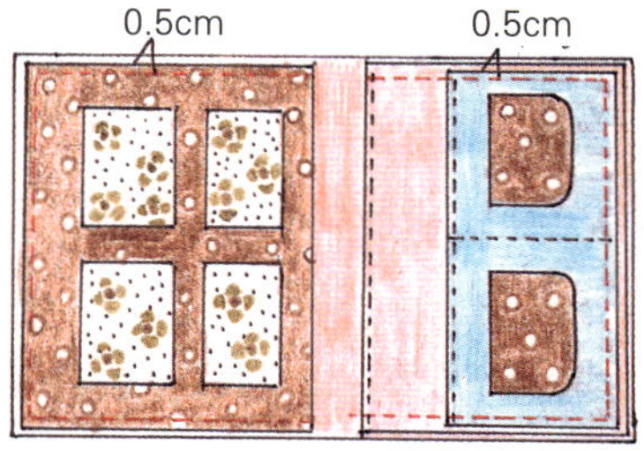

5 将步骤2的表布与步骤4的里布正面相对，预留8cm返口，机缝一圈。剪去4个角的三角缝份后，翻回正面烫平，以藏针缝缝合返口即完成。

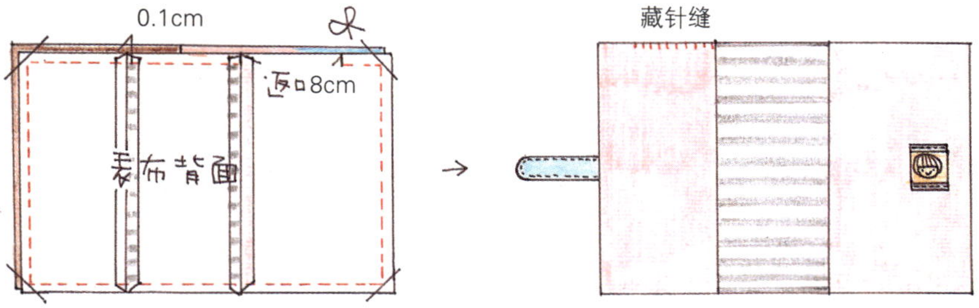

PART 3

手作资料看得见——

飞行猫布手账

作品p50

完成尺寸

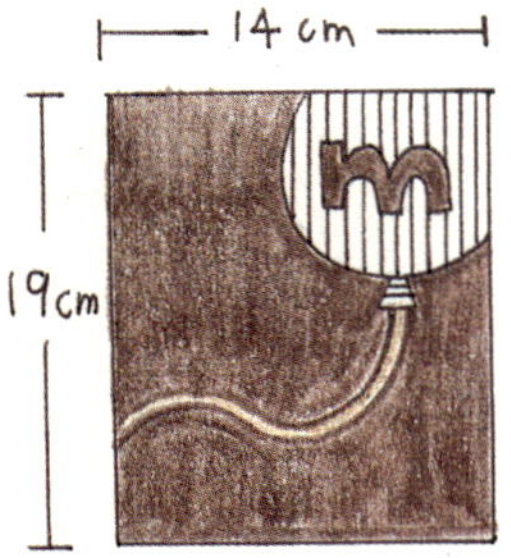

材料

◆含1cm缝份

表布（咖啡色帆布）	21cm×31cm	1片
薄衬（贴表布）	19cm×29cm	1片
里布（细条纹布）	21cm×31cm	1片
气球（细条纹布）	8.5cm×8.5cm	1片
奇异衬（贴气球）	8.5cm×8.5cm	1片
猫咪（细条纹布）	3cm×5cm	1片
奇异衬（贴猫咪）	3cm×5cm	1片
折封（塑料布）	21cm×14cm	2片
半圆布片（咖啡色帆布）	15.5cm×11cm	4片
笔插（塑料布）	11.5cm×2.8cm	1片
纸胶带		1小段
细麻绳	40cm	1条

布料裁剪图

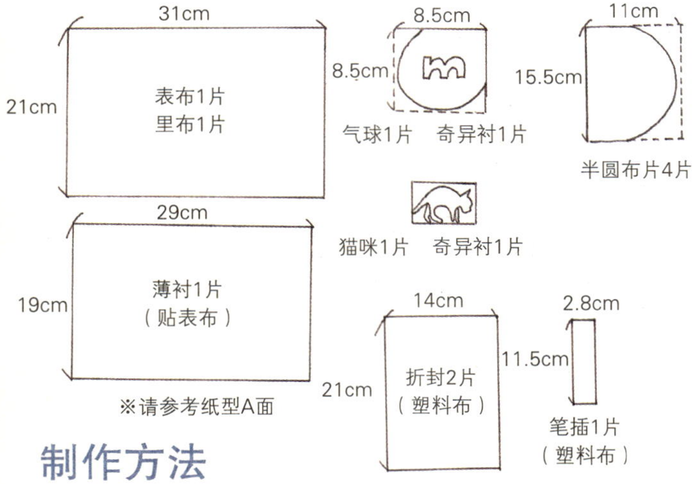

※请参考纸型A面

制作方法

1 在制作气球和猫咪的条纹布背面烫上奇异衬，依纸型裁剪好。撕去背后的纸膜，气球下方夹入细麻绳，细麻绳另一端缠绕猫咪一圈，并打出蝴蝶结，用熨斗将图案熨烫固定在表布上。接着在气球四周以锯齿状针固定，最后手缝固定好细麻绳。

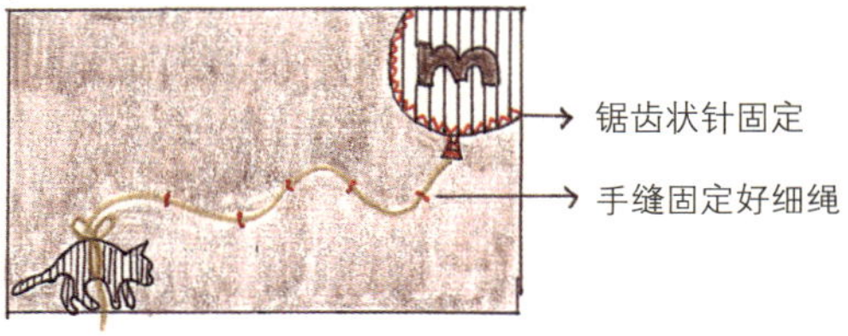

2 先将两片折封用的塑料布，以锯齿状针锁边，连同笔插（上面贴纸胶带）一起机缝固定在里布上。半圆布片两两相对缝合，剪牙口后翻回正面压缝一圈，再机缝固定于里布两侧。

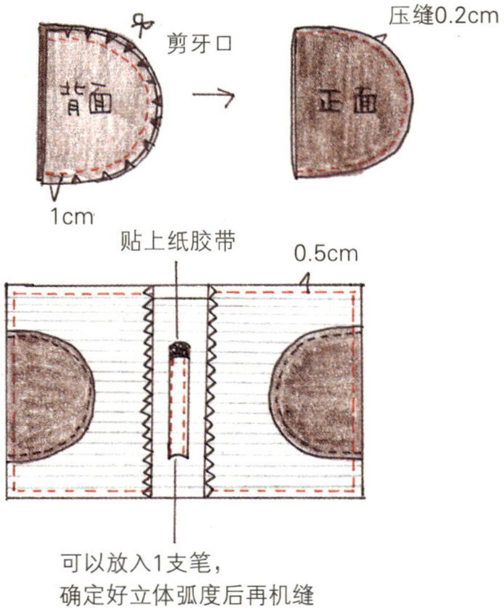

3 将步骤1做好的表布和步骤2做好的里布正面相对，预留7～8cm返口，机缝一圈。剪去4个角的三角缝份，翻回正面压平，以藏针缝缝合返口即完成（因有塑料布，所以一定不能用熨斗熨烫）。

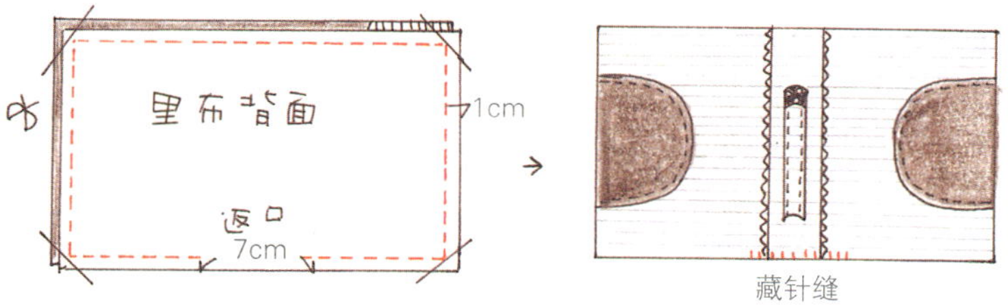

秋意浓——

格纹布手账

作品p52

完成尺寸

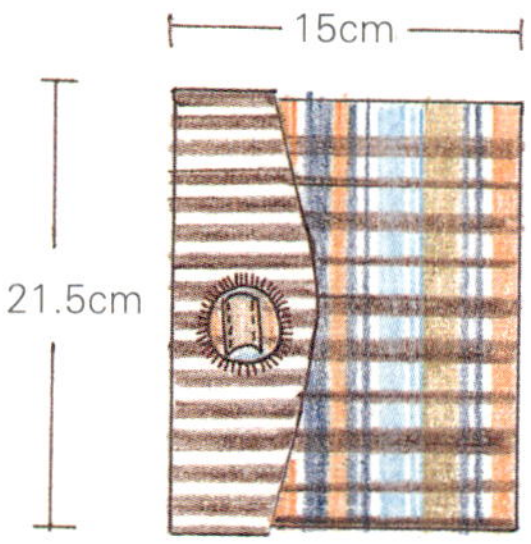

材料

◆含1cm缝份

表布①（格子布）	24cm×29.5cm	1片
厚衬（贴表布①）	22cm×27.5cm	1片
表布②（咖啡色条纹布）	24cm×14cm	1片
厚衬（贴表布②）	22cm×12cm	1片
皮革	2cm×3.2cm	1片
里布（灰蓝色棉麻布）	24cm×41.5cm	1片
口袋（咖啡色棉布）	15cm×11cm （含0.5cm缝份）	2片
右折封（格子布）	24cm×25cm	1片
厚衬（贴右折封）	22cm×23cm	1片
左折封（咖啡色条纹布）	24cm×15cm	1片
厚衬（贴左折封）	22cm×13cm	1片
绣线		少许
布标		1枚

布料裁剪图

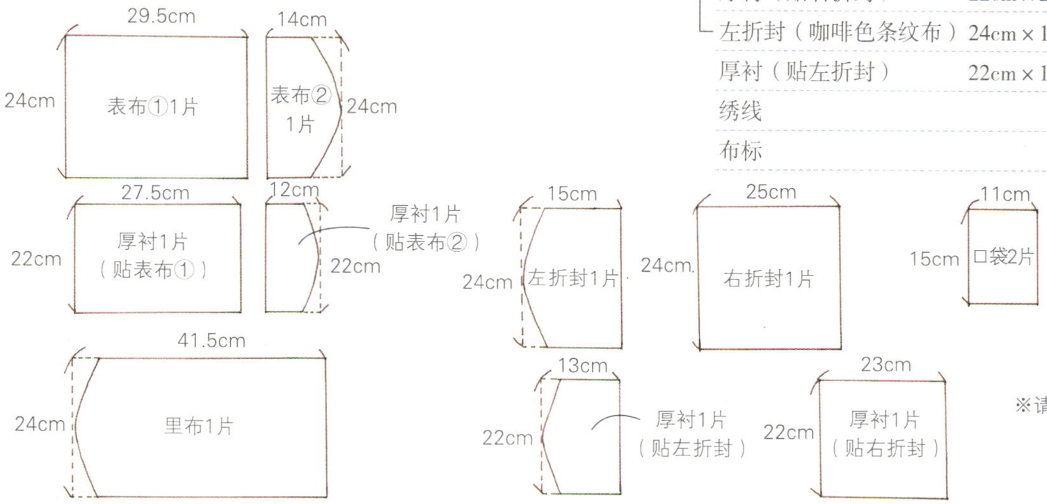

※请参考纸型A面

制作方法

1 缝合均贴好厚衬的表布①和表布②，并机缝上皮革。

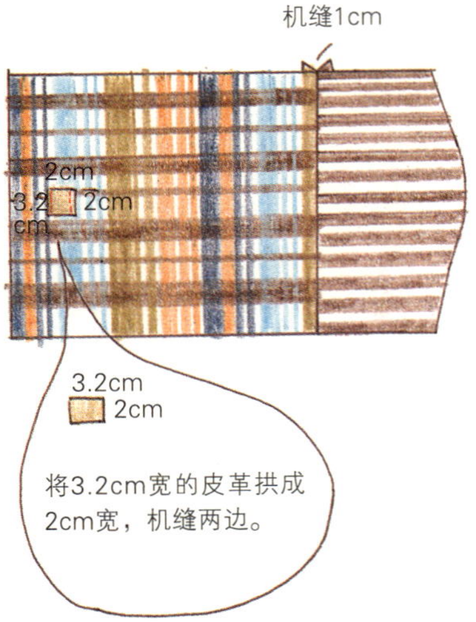

2 制作口袋。将口袋用布正面相对对折，预留3～4cm返口，机缝3边。剪去两个角的三角缝份，翻回正面烫平。以藏针缝缝合返口，并压缝上一道线（共两个）。

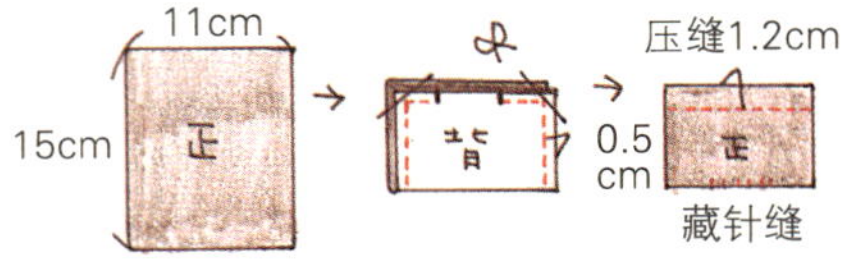

3 将布标机缝在右折封上。左折封一端内折1cm后再内折1cm，并压缝上一道线。

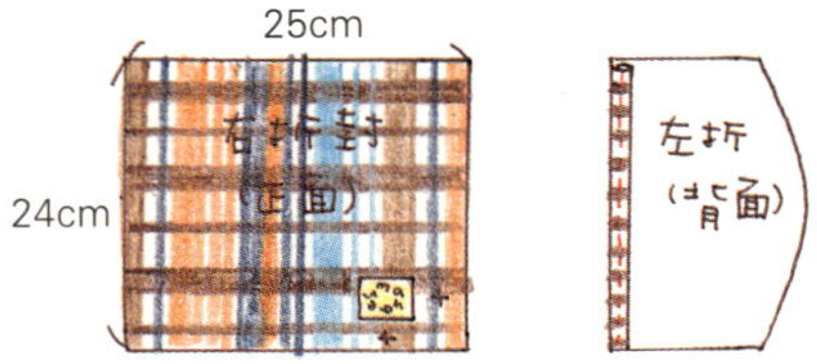

4 将步骤2做好的口袋和步骤3做好的左、右内封机缝固定在里布上。

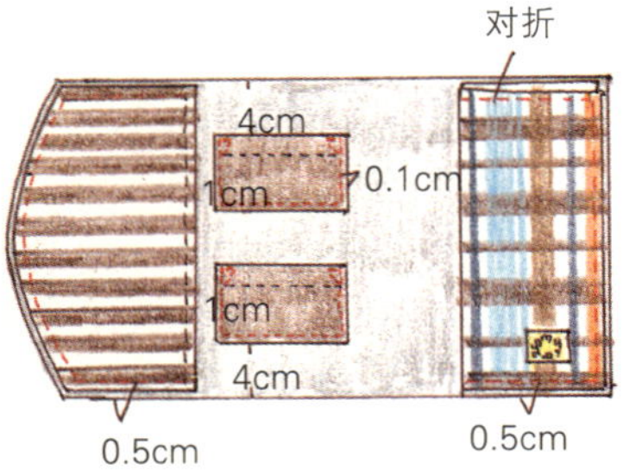

5 将步骤1和步骤4的表布和里布正面相对，预留8cm返口，机缝一圈。剪去两个角的三角缝份并剪出牙口后，翻回正面，以藏针缝缝合返口。

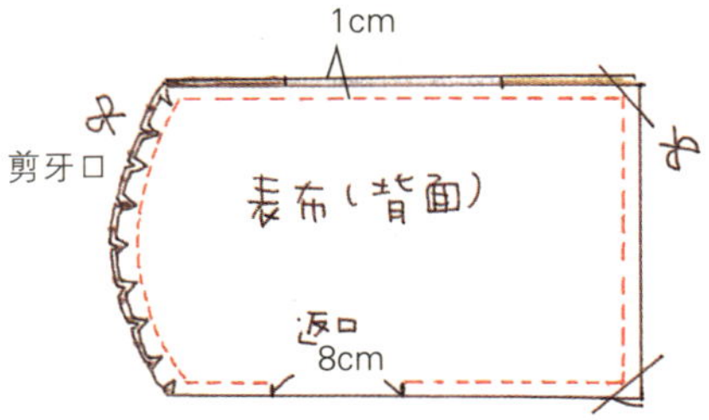

6 在左折封上手缝上一道线，并画出半径为1.8cm的圆，先沿着圆（画出的线条）回针缝一圈，再绕缝一圈（针距约0.3cm），裁掉圆中间的布后即完成。

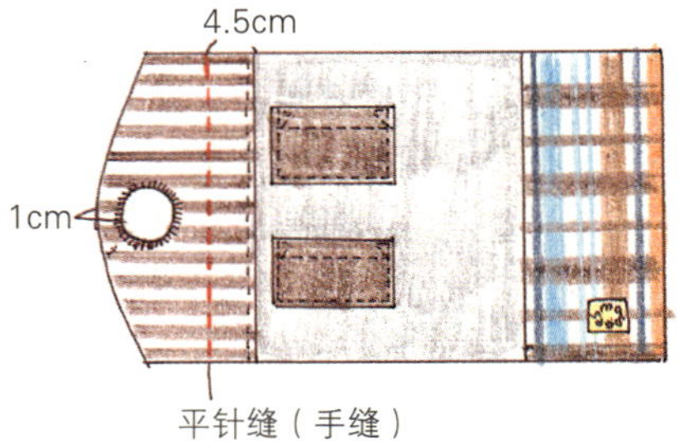

礼物风包装——

苹果绿水玉布手账

作品p54

完成尺寸

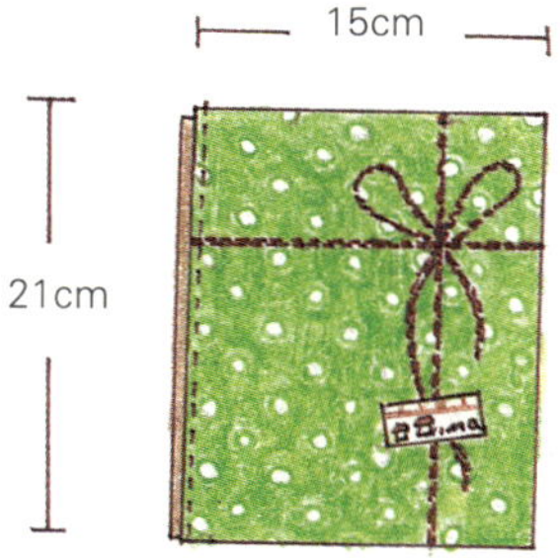

布料裁剪图

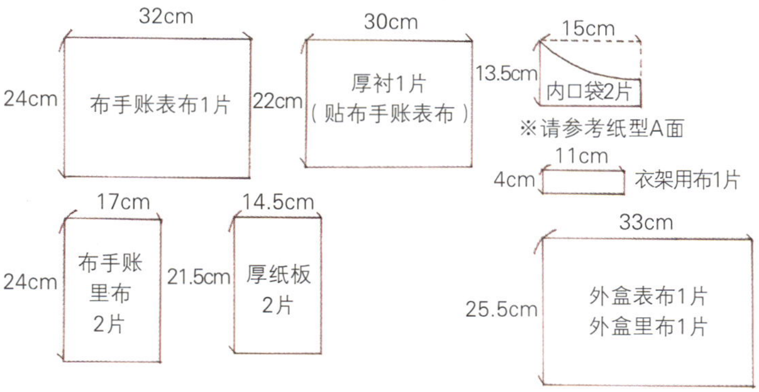

材料

◆含1cm缝份

・外盒		
表布（苹果绿点布）	25.5cm×33cm	1片
里布（卡其色棉布）	25.5cm×33cm	1片
迷你碎布（4种花色）	尺寸不限	4片
薄衬（贴迷你碎布）	尺寸同迷你碎布	4片
・布手账		
表布（细条纹布）	24cm×32cm	1片
厚衬（贴表布）	22cm×30cm	1片
里布（细条纹布）	24cm×17cm	2片
厚纸板	21.5cm×14.5cm	2片
内口袋（黄色棉麻布）	13.5cm×15cm	2片
木制衣夹（小）		2个
衣架用布	4cm×11cm	1片
蕾丝	3.2cm×10cm	1条
紫色扣子		2颗

制作方法

1 将两片布手账里布正面相对，如图，在距上下两边1cm处机缝一道短线。

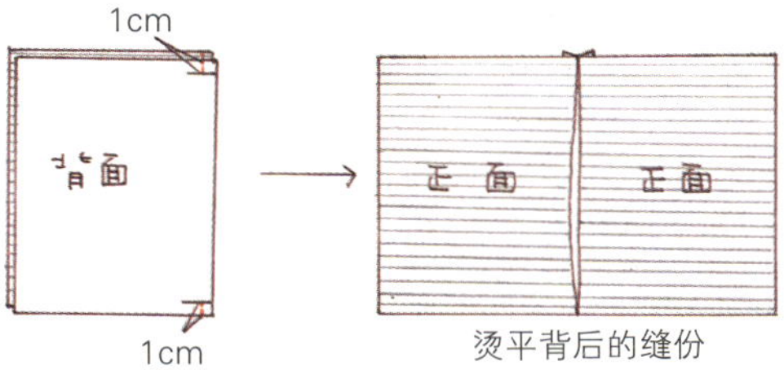

2 制作内口袋和衣架。两片内口袋布正面相对，预留5cm返口，机缝一圈，剪去三角缝份并剪出牙口后，翻回正面烫平，以藏针缝缝合返口。

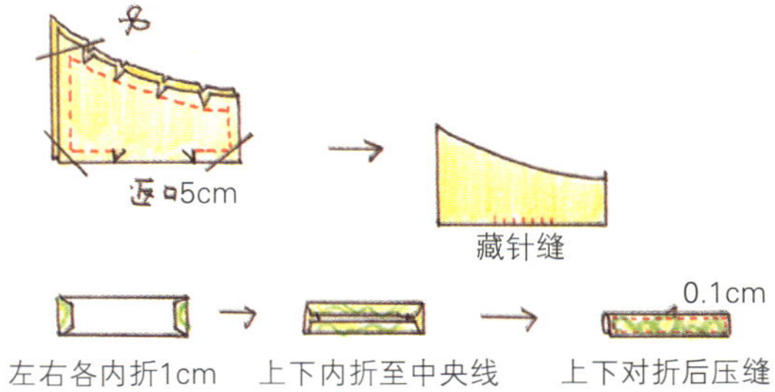

3 将蕾丝、内口袋和衣架用布机缝固定在布手账里布上。

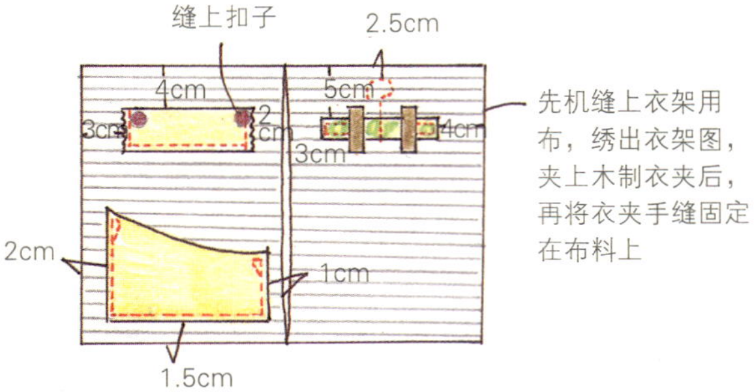

4 将布手账的表布（贴好厚衬）和里布正面相对，机缝一圈。剪去4个角的三角缝份，翻回正面整烫。从中间的开口处塞入厚纸板，并以藏针缝缝合。

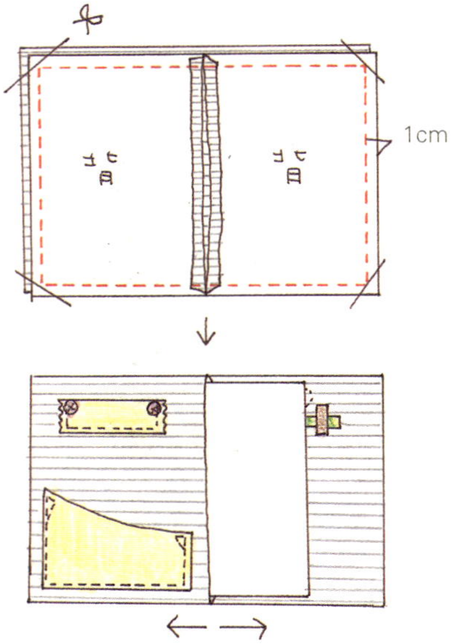

左右各塞入1片纸板，并以藏针缝缝合开口处

5 外盒里布正面相对对折，预留8cm返口，机缝两边，抓底1cm后机缝。

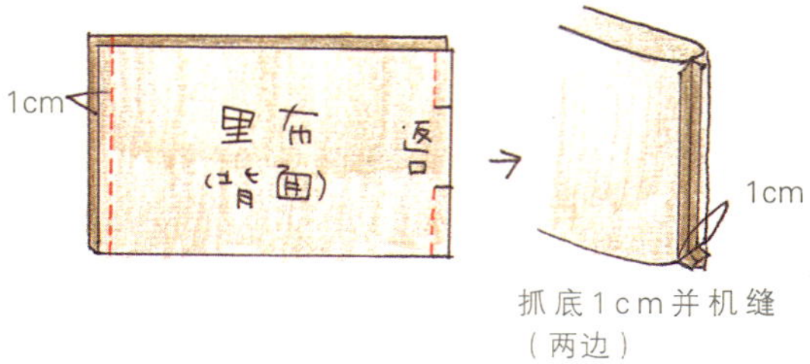

6 在外盒表布机缝上线条和蝴蝶结，再机缝上迷你碎布（位置随意）。

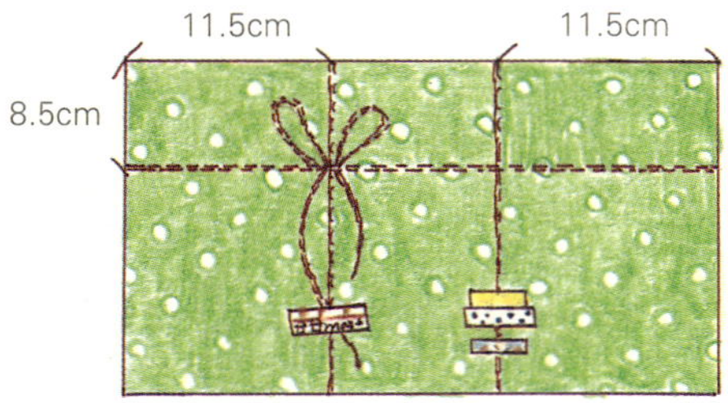

7 步骤6的表布同步骤5做成袋状，但不需留返口。

8 外盒表袋翻回正面，套入步骤5做好的外盒里袋中，对齐袋口机缝一圈。从返口翻回正面，以藏针缝缝合返口，并在袋口压缝一圈即完成。

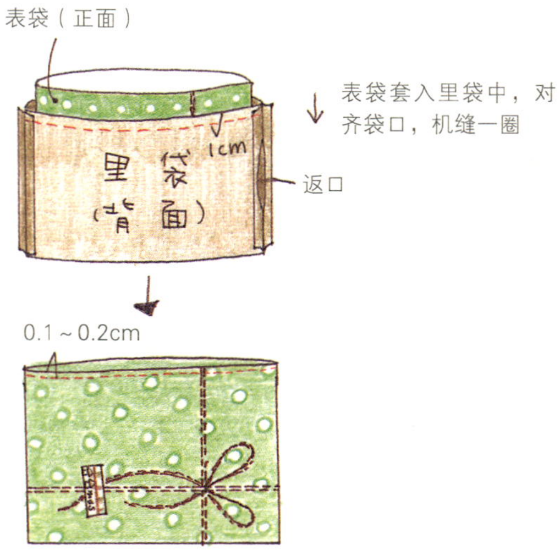

不要忘了伙伴（刀片、削笔刀）——

36色彩色铅笔的家

作品p58

完成尺寸

请以笔的长短、数量和粗细来调整尺寸。

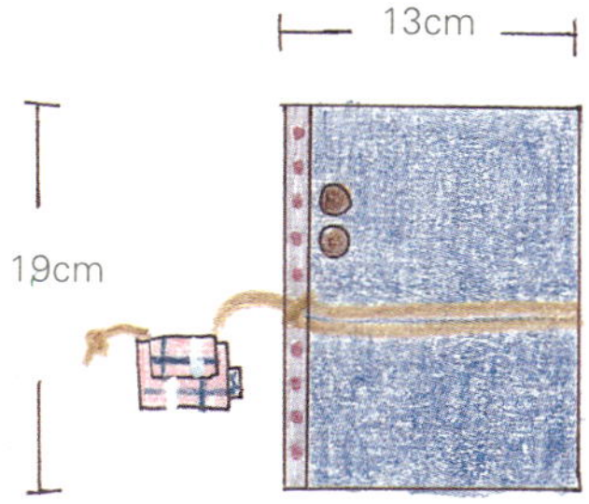

布料裁剪图

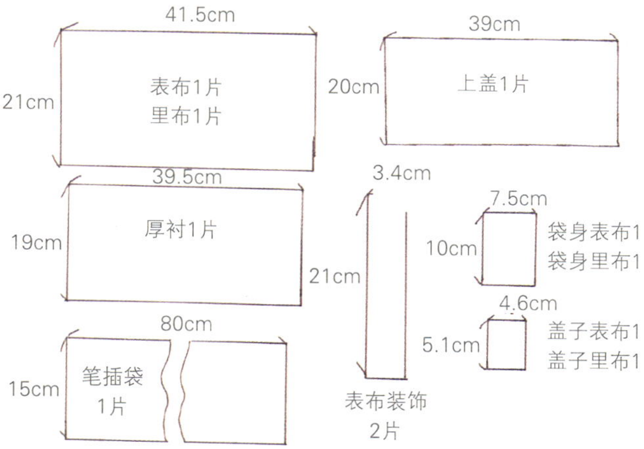

材料

◆含1cm缝份

·表布部分		
表布（蓝色起毛布）	21cm×41.5cm	1片
厚衬（贴表布）	19cm×39.5cm	1片
表布装饰（灰底紫点布）	21cm×3.4cm	2片
金属圆片		2片
粗麻绳	79cm	1条
·里布部分		
里布（蓝色起毛布）	21cm×41.5cm	1片
笔插袋（粉红格子灰）	15cm×80cm （作品中因布不够用了才拼接了蓝色起毛布）	1片
上盖（灰底紫点布）	20cm×39cm	1片
扣子		1颗
·削笔刀袋（含0.5cm缝份）		
袋身表布（粉红格子布）	10cm×7.5cm	1片
袋身里布（自然棉麻布）	10cm×7.5cm	1片
盖子表布（粉红格子布）	5.1cm×4.6cm	1片
盖子里布（自然棉麻布）	5.1cm×4.6cm	1片
缎带	2cm	1段
魔鬼毡	0.5cm×1.5cm	1组

制作方法

1 笔插袋用布正面相对对折，机缝两边，翻回正面烫平。

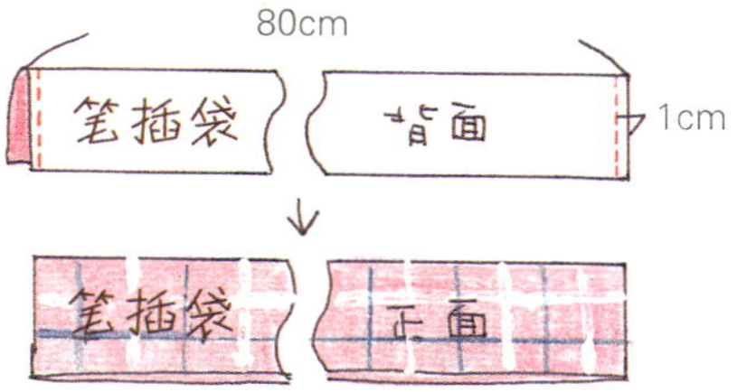

2 上盖用布正面相对对折，机缝两边，翻回正面烫平，以锯齿状针机缝3边。

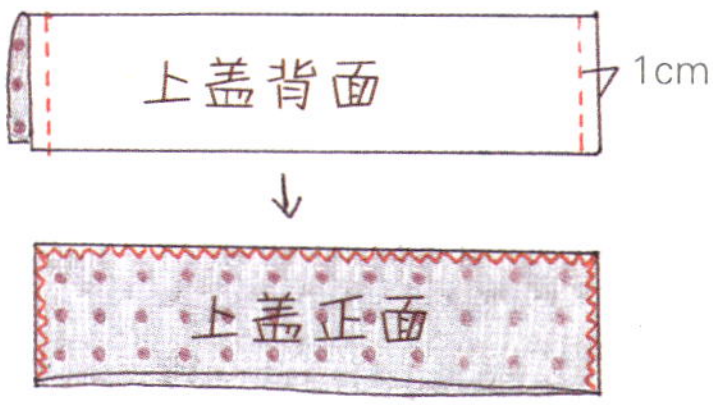

3 将上盖和笔插袋机缝在里布上。缝笔插袋前，先在里布上做出间隔1cm的记号，把每2.1cm宽的布机缝成宽1cm的立体袋，左边最后一格（放刀片处）机缝成平面，并缝上扣子。接着在下方距布边0.5cm处压缝上一道线（将下方的布料压平后再机缝）。

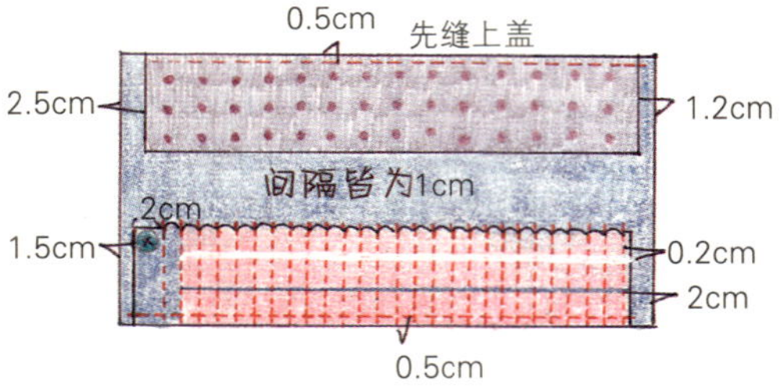

4 将两片表布装饰机缝在贴好厚衬的表布上并烫平，缝上金属圆片和粗麻绳。

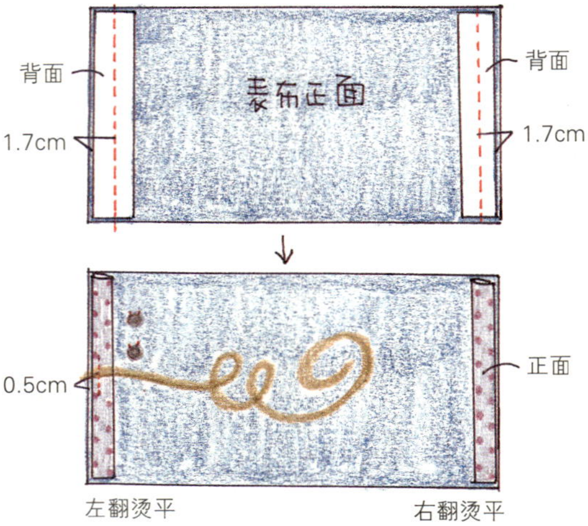

5 将里布与表布正面相对，预留9cm返口，机缝一圈。剪去4个角的三角缝份，翻回正面烫平，并以藏针缝缝合返口。

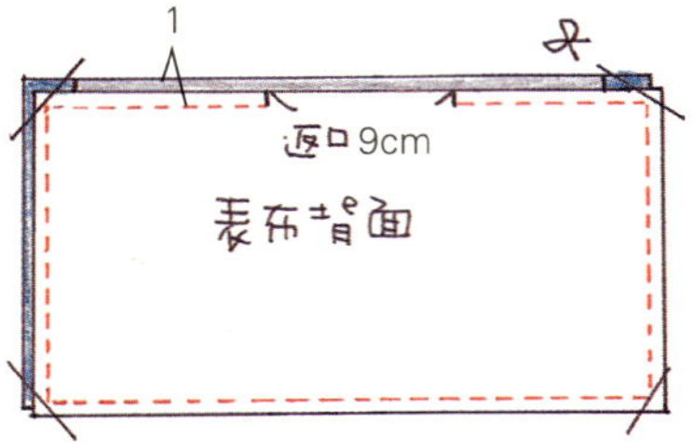

6 制作削笔刀袋。

①袋身表布正面相对对折，侧边夹入缎带，机缝两边，抓底2.5cm后机缝（里布同做法，但一侧需预留2.5cm返口），翻回正面，在前片袋口机缝上魔鬼毡软毛面。

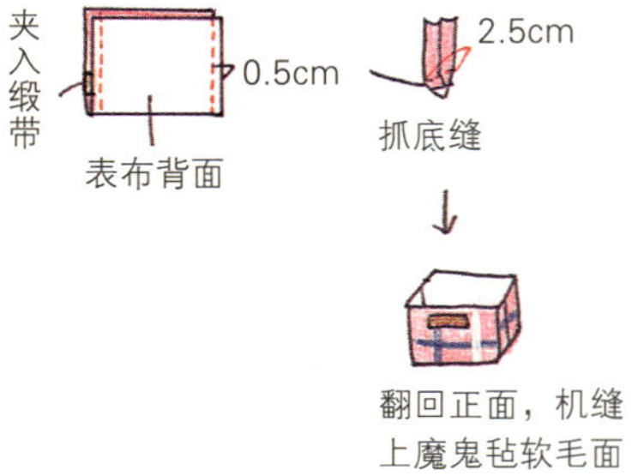

②盖子表布和里布正面相对，机缝3边。剪去两个角的三角缝份，翻回正面烫平，压缝一圈，再机缝上魔鬼毡的尖毛面。

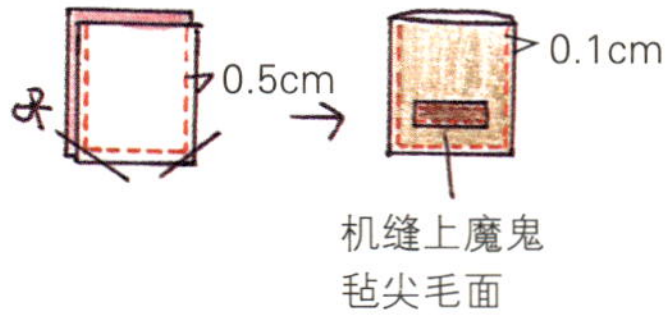

③将盖子固定在表袋后片上，装表袋套入里袋中，对齐袋口，机缝袋口一圈。从返口翻回正面，以藏针缝缝合返口即完成。

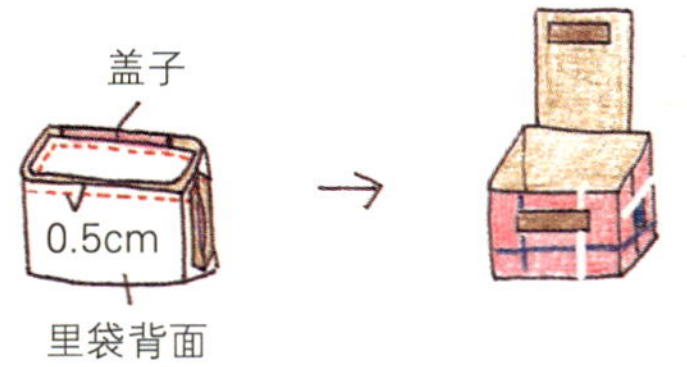

交换名片——

拜访客户包

作品p60

完成尺寸

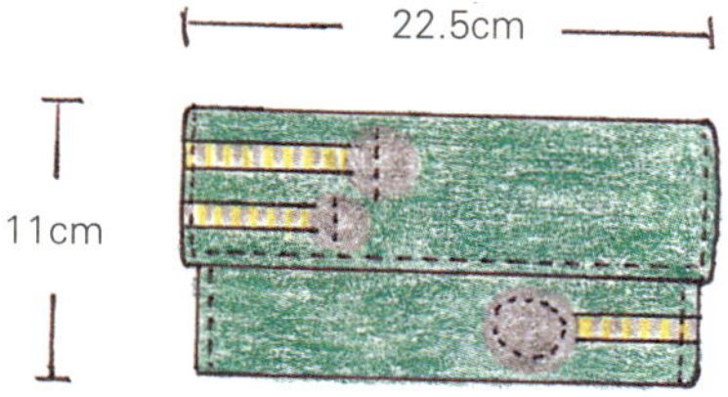

材料

◆含1cm缝份

表布（湖水绿色布）	24.5cm×31.5cm	1片
厚衬（贴表布）	22.5cm×29.5cm	1片
里布左片（橘点布）	24.5cm×9cm	1片
薄衬（贴里布左片）	22.5cm×7cm	1片
里布右片（条纹布）	24.5cm×24.5cm	1片
薄衬（贴里布右片）	22.5cm22.5cm	1片
灰黄色缎带	8cm 6.5cm 7cm	1段 2段 1段
圆形装饰（灰色不织布）	尺寸不限	3片
口袋（湖水绿色布）	14cm×12cm	2片
名片袋（湖水绿色布）	4cm×11cm	4片
	（含0.5cm缝份）	
浅咖啡色不织布	2.5cm×2.5cm	2片
插笔袋（咖啡色不织布）	4cm×4.5cm	1片
黑色线缝扣		1组

布料裁剪图

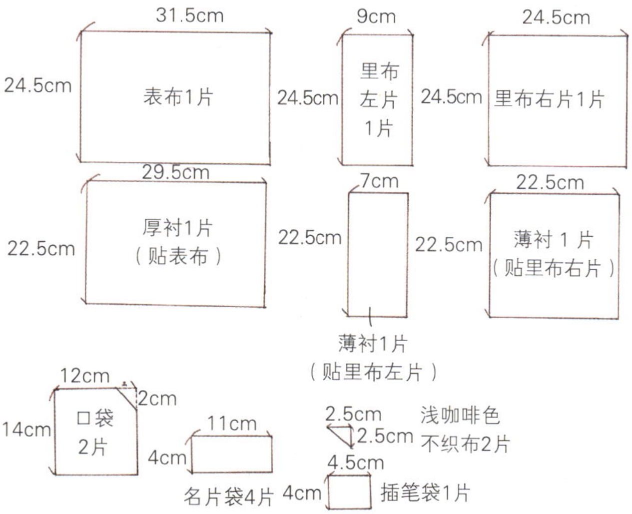

制作方法

1 在贴好厚衬的表布正面机缝上灰黄色缎带（8cm、6.5cm和7cm各1条）和圆形不织布。

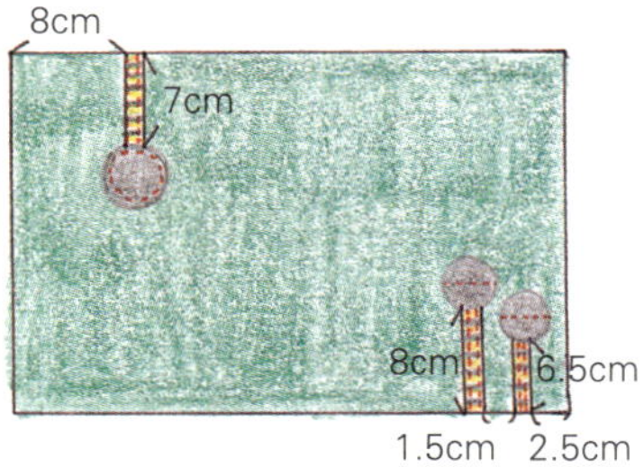

2 制作口袋和名片袋。

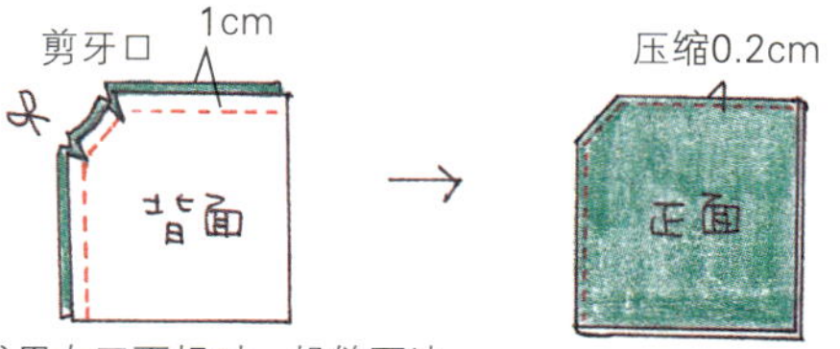

两片口袋用布正面相对，机缝两边

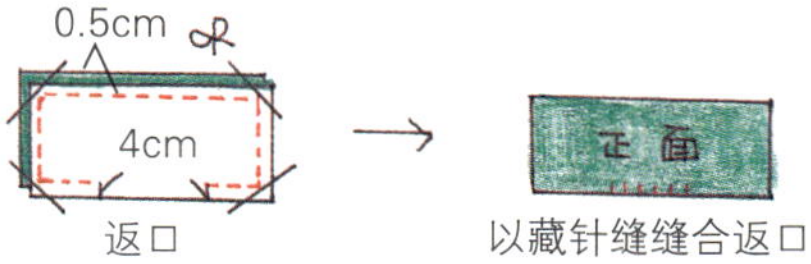

两片名片袋用布正面相对，留4cm返口，机缝一圈，剪去三角缝份后翻回正面

以藏针缝缝合返口（共2组）

3 将贴好薄衬的里布左片和里布右片，接着将口袋、名片袋和插笔袋机缝在里布上。

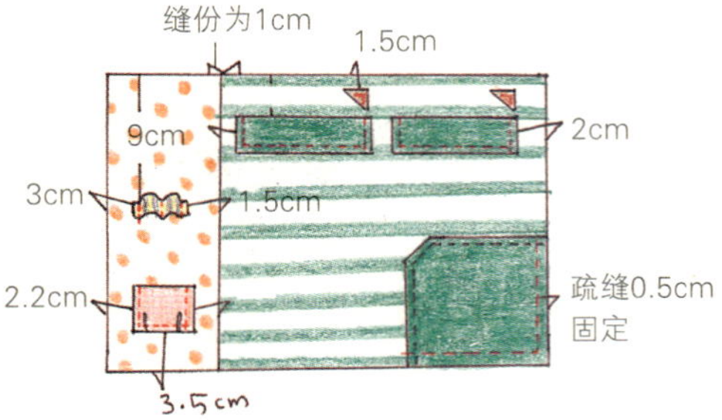

4 将表布和里布正面相对，预留8cm返口，机缝一圈。剪去4个角的三角缝份，翻回正面烫平，以藏针缝缝合返口，再压缝一圈即完成。

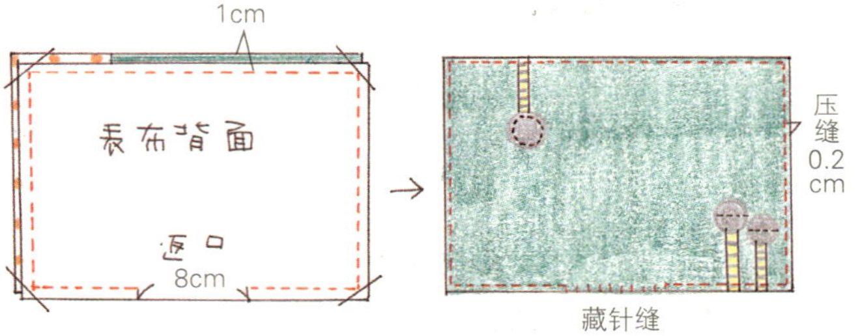

出去旅行也要写明信片——

信件用品收纳包

作品p62

完成尺寸

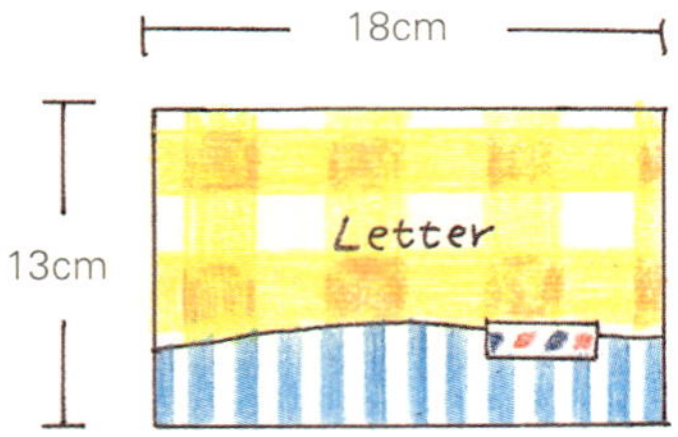

布料裁剪图

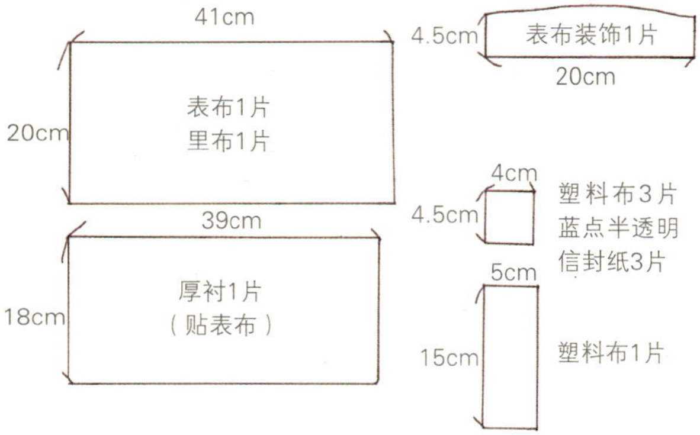

材料

◆含1cm缝份

表布（黄白格子布）	20cm × 41cm	1片
厚衬（贴表布）	18cm × 39cm	1片
表布装饰（蓝白条纹布）	4.5cm × 20cm	1片
邮政缎带	5cm	1段
	4.2cm	2段
里布（黄白格子布）	20cm × 41cm	1片
透明塑料布	4.5cm × 4cm	3片
	15cm × 5cm	1片
蓝点半透明塑料布	4.5cm × 4cm	3片
条纹信封	10.8cm × 16cm	1个

制作方法

1 将条纹信封、两条邮政缎带（4.2cm）、透明塑料布和蓝点半透明塑料布缝在里布上。

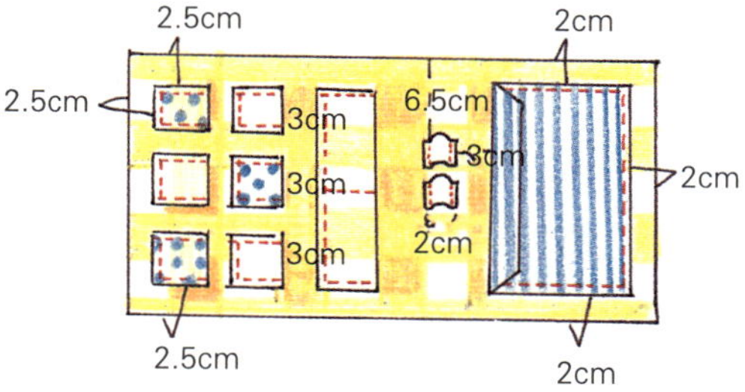

2 将表布装饰和邮政缎带（5cm）机缝在表布上，并绣上Letter字样。

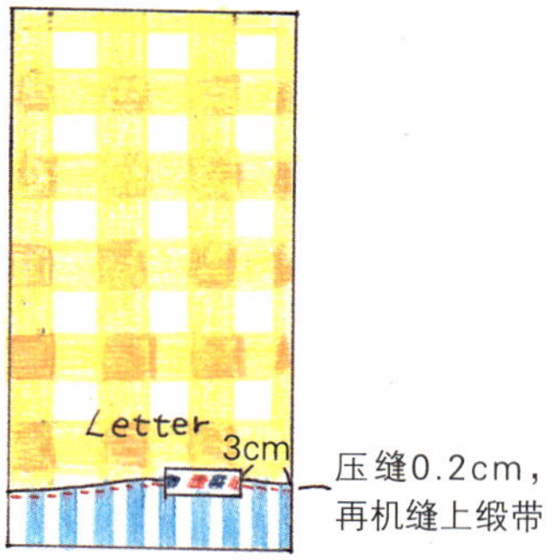

3 将表布和里布正面相对，预留16cm返口，机缝一圈。剪去4个角的三角缝份，翻回正面烫平，以藏针缝缝合返口。

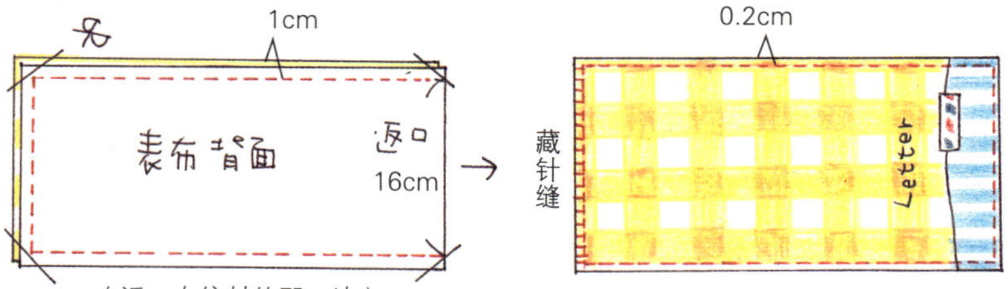

（返口在信封的那一边）

设计师是小草——

千鸟格文具收纳包

作品p64

完成尺寸

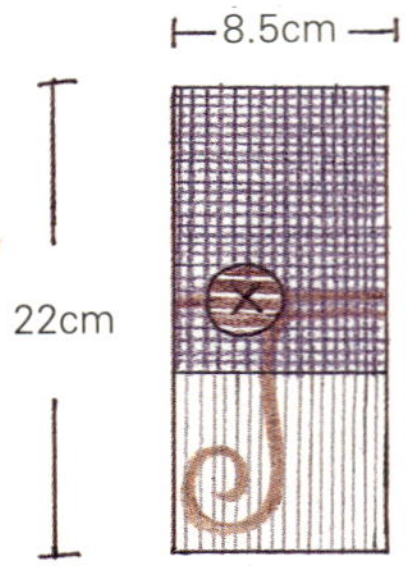

布料裁剪图

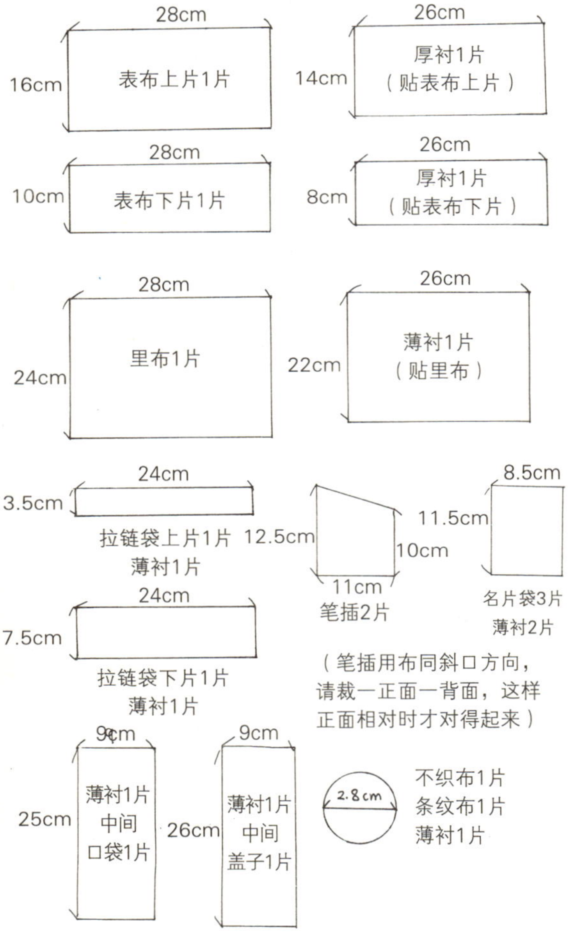

材料

◆含缝份1cm

·表布部分		
表布上片（千鸟格布）	16cm×28cm	1片
厚衬（贴表布上片）	14cm×26cm	1片
表部下片（细条纹布）	10cm×28cm	1片
厚衬（贴表布下片）	8cm×26cm	1片
布纽扣上层（咖啡条纹布）	半径1.4cm的圆	1片
布纽扣中层（薄衬）	半径1.4cm的圆	1片
布纽扣下层（不织布）	半径1.4cm的圆	1片
毛线	60cm	1条
·里布部分		
里布（条纹布）	24cm×28cm	1片
薄衬（贴里布）	22cm×26cm	1片
拉链袋上片（条纹布）	3.5cm×24cm	1片
薄衬（贴拉链袋上片）	3.5cm×24cm	1片
拉链袋下片（条纹布）	7.5cm×24cm	1片
薄衬（贴拉链袋下片）	7.5cm×24cm	1片
拉链	24cm　1条	
中间口袋（条纹布）	25cm×9cm （含0.5cm缝份）	1片
薄衬（贴中间口袋）	25cm×9cm	1片
中间盖子（条纹布）	26cm×9cm （含0.5cm缝份）	1片
薄衬（贴中间盖子）	26cm×9cm	1片
笔插（条纹布）	12.5cm×11cm （含0.5cm缝份）	2片
名片袋（条纹布）	11.5cm×8.5cm （含0.5cm缝份）	3片
薄衬（贴名片袋，只贴上片和口袋）	11.5cm×8.5cm	2片
布标		1枚
魔鬼毡	1.25cm×4cm	1组

制作方法

1 如图，将贴好厚衬的表布上片和表布下片拼接在一起，并缝上布纽扣和毛线。

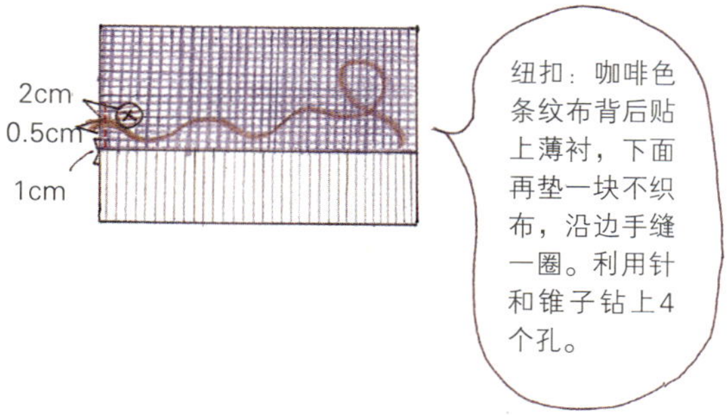

2 缝合拉链和贴好薄衬的拉链袋上、下片。

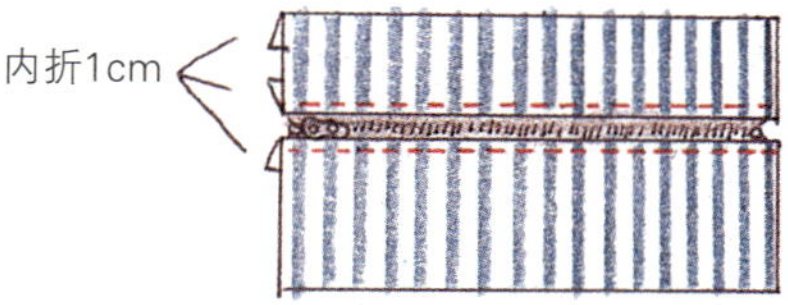

3 制作中间口袋和中间盖子。

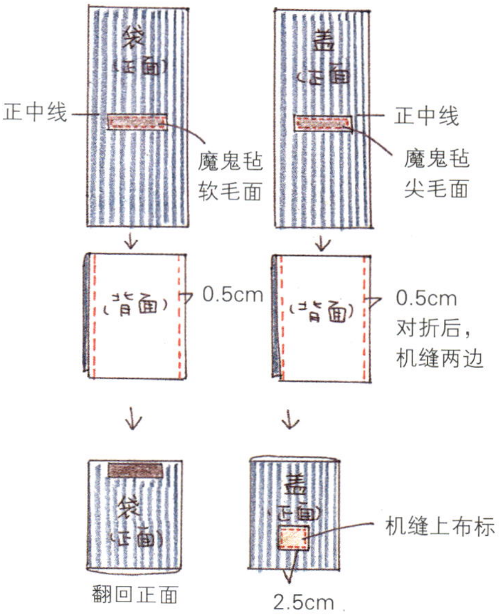

4 制作笔插和名片袋。

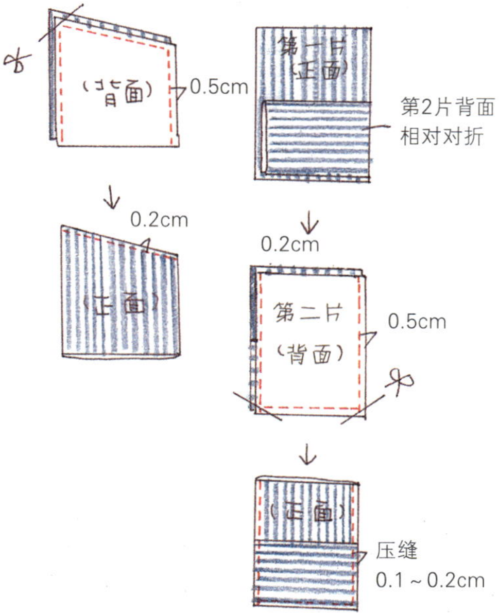

5 将步骤2、步骤3和步骤4的拉链袋、中间口袋、笔插和名片袋机缝固定在里布上。

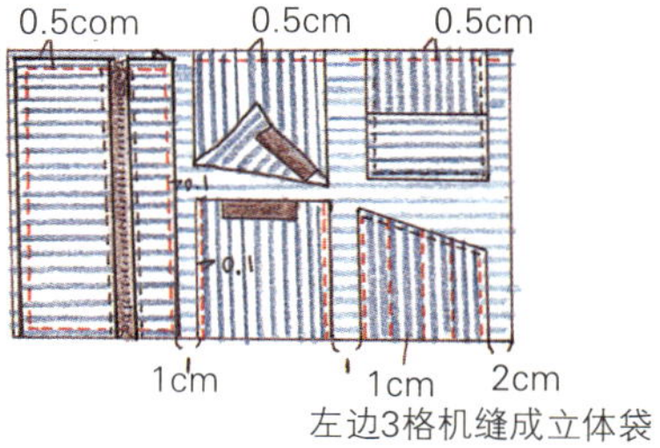

6 表布和里布正面相对，预留8cm返口，机缝一圈。剪去4个角的三角缝份，翻回正面烫平，以藏针缝缝合返口即完成。

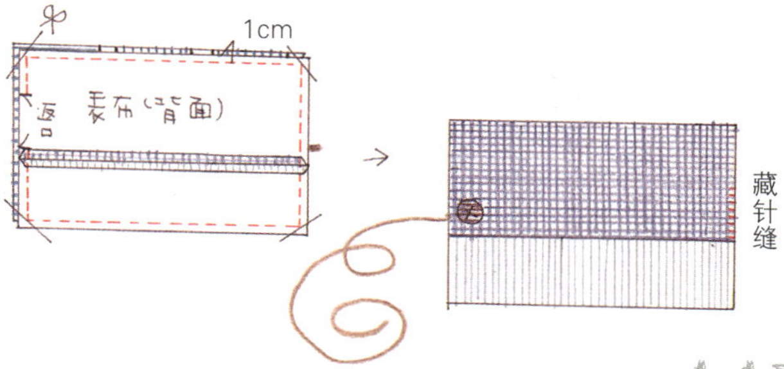

走到哪喝到哪——

随身茶包收纳袋

作品p66

完成尺寸

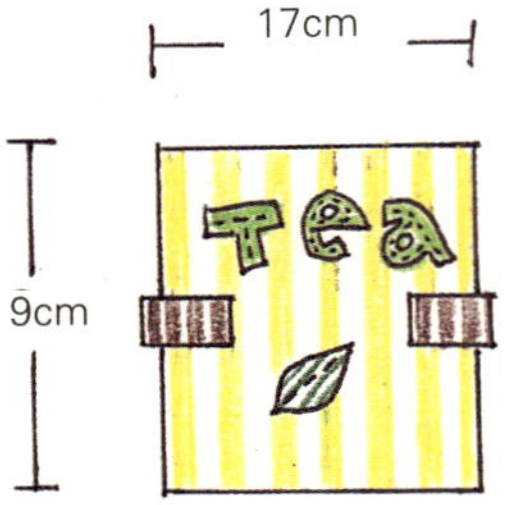

布料裁剪图

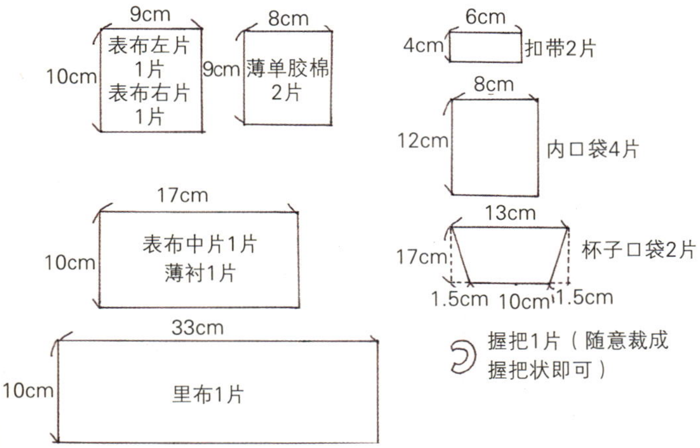

材料

◆含0.5cm缝份

·表布部分

表布左片（黄白条纹布）	10cm×9cm	1片
薄单胶棉（贴表布左片）	9cm×8cm	1片
表布右片（黄白条纹布）	10cm×9cm	1片
薄单胶棉（贴表布右片）	9cm×8cm	1片
表布中片（灰白格子布）	10cm×17cm	1片
薄衬（贴表布中片）	10cm×17cm	1片
扣带（咖啡条纹布）	4cm×6cm	2片
Tea字样（浅绿棉布）		少许
薄衬（贴Tea字样）		少许
茶叶图样（绿白条纹布）		1小片
薄衬（贴茶叶图样）		1小片
按扣		2组

·里布部分

里布（灰白格子布）	10cm×33cm	1片
内口袋（4种条纹布）	12cm×8cm	4片
蕾丝缎带		2段
扣子		2颗
杯子口袋（蓝白条纹布）	7cm×13cm	2片
握把（不织布）		少许

制作方法

1 制作4个内口袋。4片内口袋用布正面相对对折，预留3cm返口，机缝3边。剪去两个角的三角缝份后，翻回正面烫平（不需缝合返口）。其中两个在袋口处缝上蕾丝缎带。

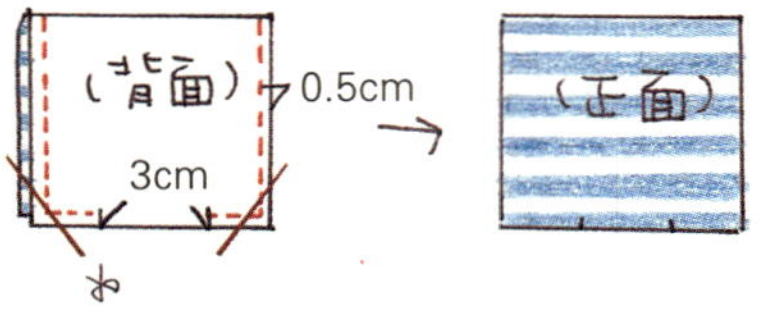

2 将四个口袋机缝在里布上，没有蕾丝的两个口袋缝上扣子。在里布盖上数字章，以熨斗熨烫10~15s。

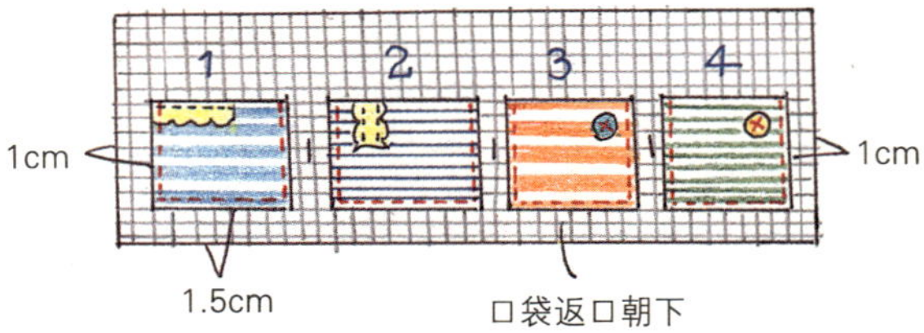

3 机缝杯子口袋和扣带（共两条）。

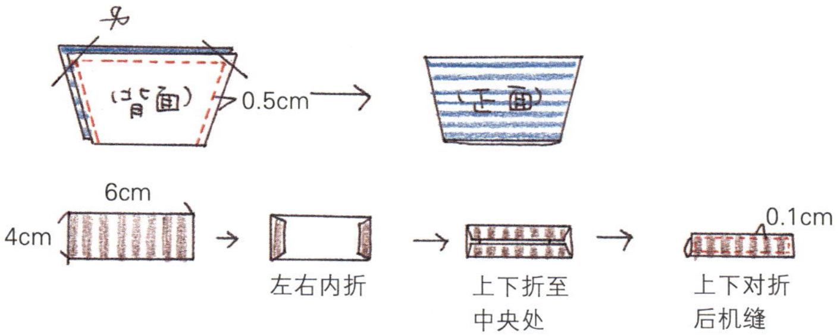

4 如图，拼接好贴好薄单胶棉的表布左片、表布右片和贴好薄衬的表布中片，然后将扣带、杯子口袋、握把、Tea字样（贴好薄衬）和茶叶图样（贴好薄衬）机缝或手缝在表布上。

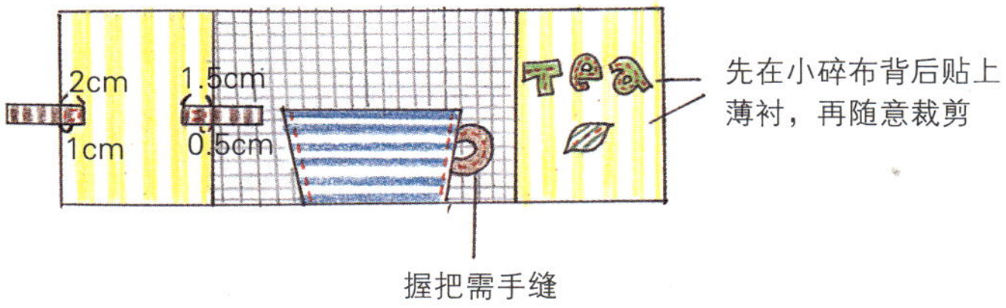

5 将表布和里布正面相对，预留7cm返口，机缝一圈。剪去4个角的三角缝份，翻回正面烫平，以藏针缝缝合返口，接着在中间压缝出3道线即完成。

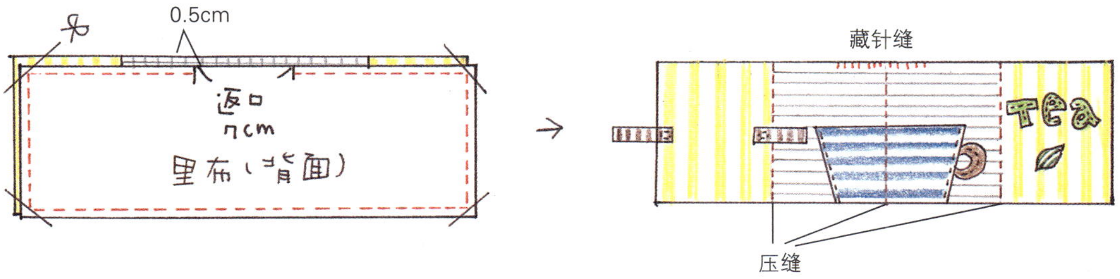

小白帮小白做衣服——

立可拍收纳记录包

作品p68

为了保护相机，这款收纳包表、里布皆贴上了厚厚的单胶棉，也因为单胶棉不含缝份，表、里布相对时可能对不齐，机缝时不太好处理，可先疏缝再机缝。

完成尺寸

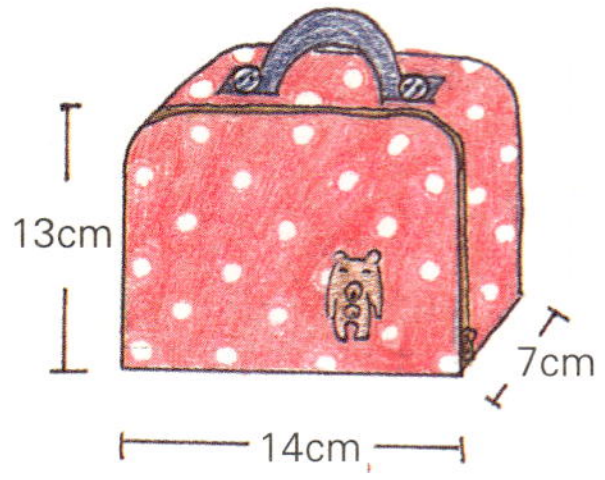

布料裁剪图

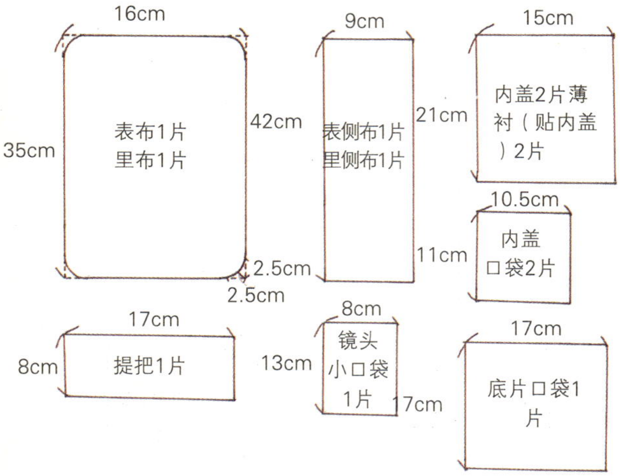

材料

◆含缝份1cm

· 表布部分		
表布（桃红色底白点布）	35cm×16cm	1片
厚单胶棉（贴表布）	33cm×14cm	1片
表侧布（桃红色底白点布）	9cm×42cm	1片
厚单胶棉（贴表侧布）	7cm×40cm	1片
提把（浅蓝色布）	8cm×17cm	1片
条纹扣		2颗
小熊（不织布）		1小片
拉链	46cm	1条
· 里布部分		
里布（格子布）	35cm×16cm	1片
厚单胶棉（贴里布）	33cm×14cm	1片
里侧布（格子布）	9cm×42cm	1片
厚单胶棉（贴里侧布）	7cm×40cm	1片
内盖（格子布）	21cm×15cm	2片
薄衬（贴内盖）	21cm×15cm	2片
内盖口袋（格子布）	11cm×10.5cm（含0.5cm缝份）	2片
镜头小口袋（格子布）	13cm×8cm（含0.5cm缝份）	1片
底片口袋（格子布）	17cm×17cm（含0.5cm缝份）	1片
缎带	10cm	1条
按扣		1组

制作方法

1 缝合贴有厚单胶棉的表侧布和拉链。机缝上提把，缝上条纹扣。

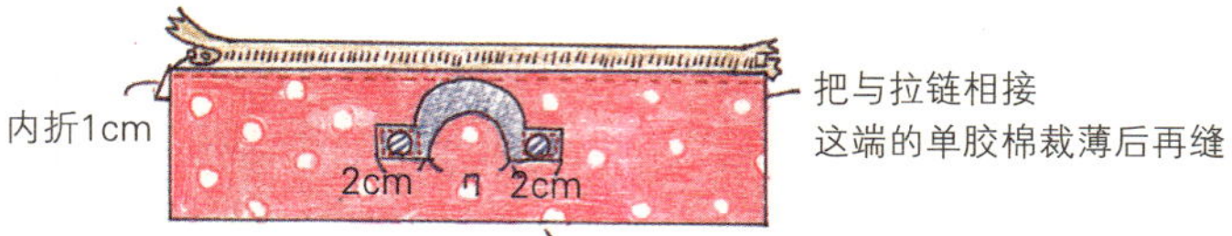

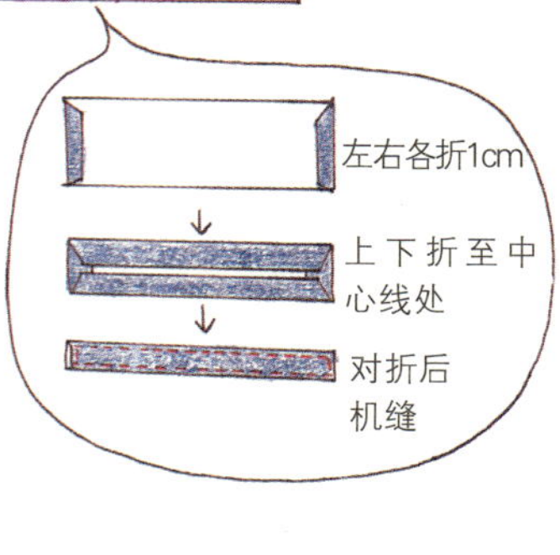

2 如图，缝合拉链另一端与贴好厚单胶棉的表布。

3 将绣好小熊图案的不织布以贴布缝缝在表布上。

4 里侧布贴上厚单胶棉，上方内折1cm，以藏针缝缝在表侧布的背面（背面相对），下方疏缝固定。

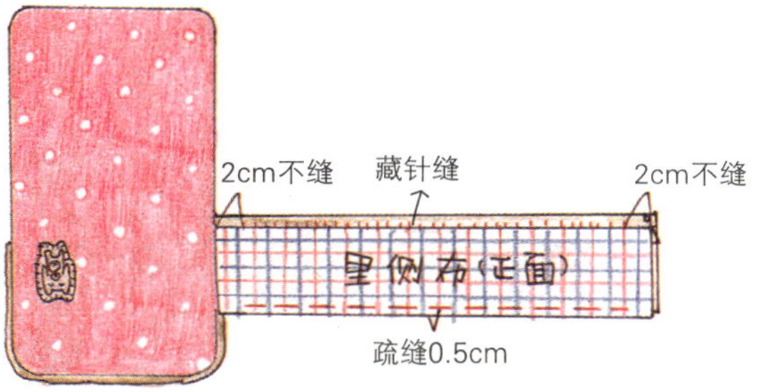

5 如图，先缝合表侧布两端和表布，再将里侧布两端各内折1cm，以藏针缝缝合。

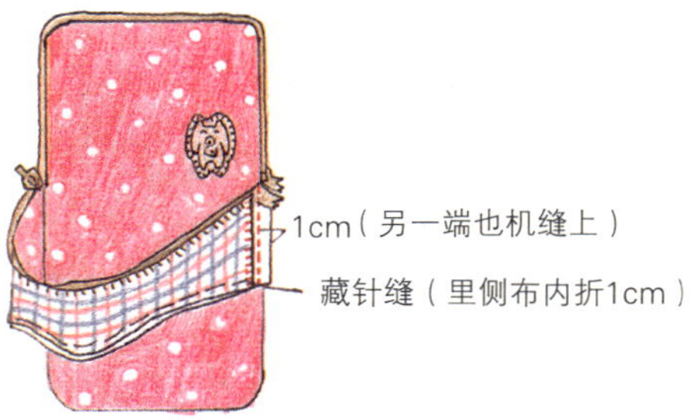

6 制作内盖口袋、镜头小口袋和底片口袋。

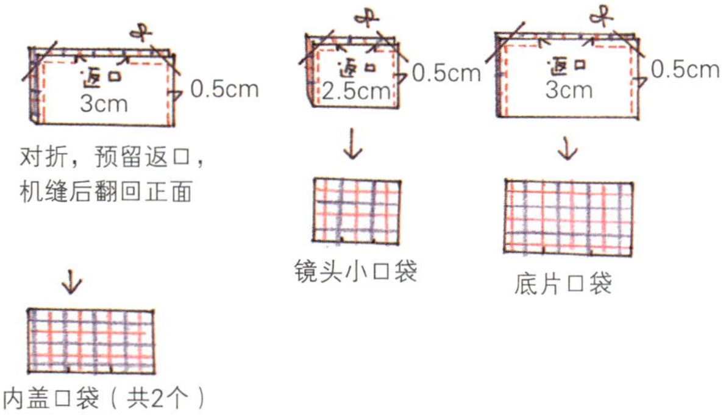

7 制作内盖。将内盖口袋机缝在贴好薄衬的内盖上。

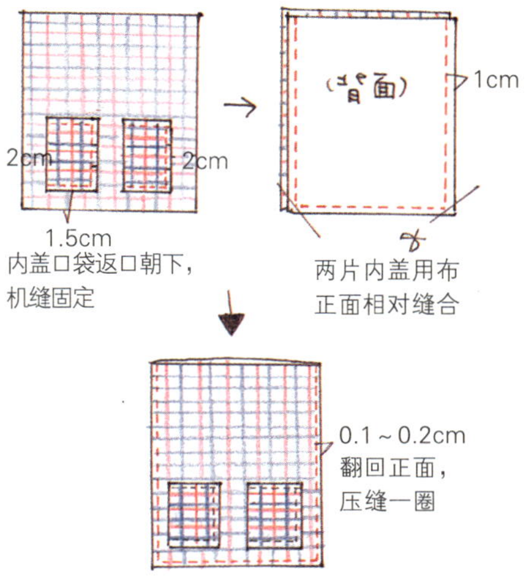

8 将镜头小口袋和底片口袋机缝在贴好厚单胶棉的里布上，并机缝上缎带，在缎带一端和底片口袋袋口缝上1组按扣。

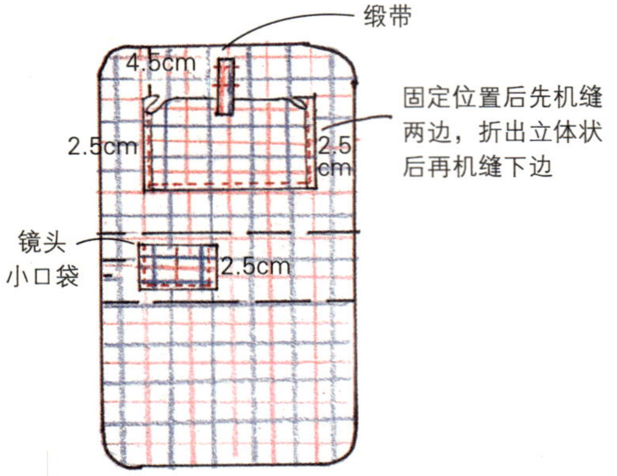

9 将里布的4个圆角以平针缝缝起，稍拉出皱褶后，往背后折1cm并烫平。

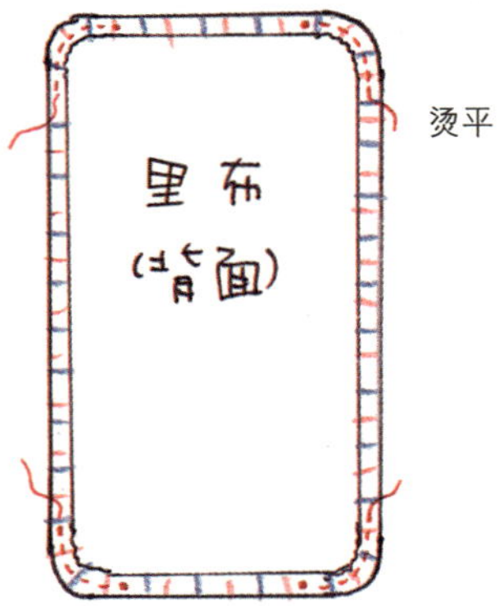

10 最后将里布固定在表袋内侧（背面相对），以藏针缝缝合即完成。

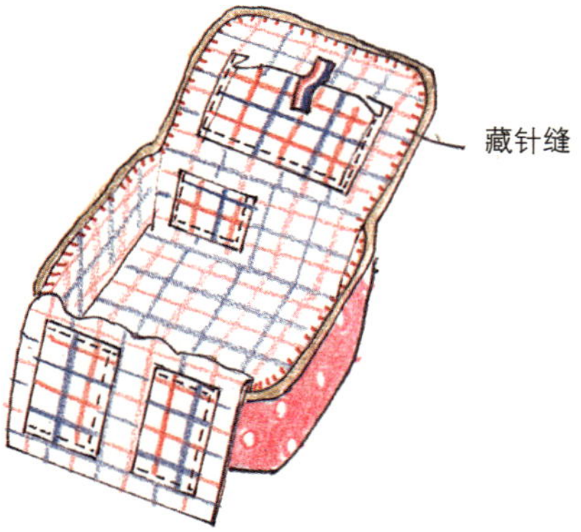

买菜易忘东忘西——

魔鬼毡购物清单

作品p70

完成尺寸

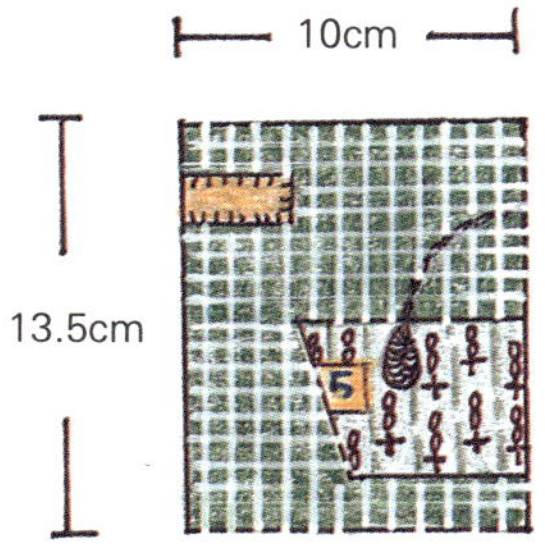

布料裁剪图

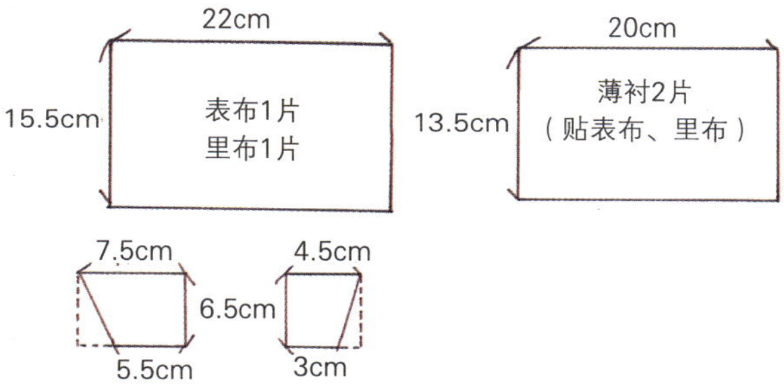

表布装饰提袋1片
薄衬1片

表布装饰提袋1片
薄衬1片

材料

◆含1cm缝份

表布（绿格子布）	15.5cm×22cm	1片
薄衬（贴表布）	13.5cm×20cm	1片
里布（黄底白点布）	15.5cm×22cm	1片
薄衬（贴里布）	13.5cm×20cm	1片
表布装饰（黄色毛料碎布）	1.8cm×5.8cm	
表布装饰提袋（图样布）	6.5cm×7.5cm 6.5cm×4.5cm	1片 1片
薄衬（贴图样布）	6.5cm×7.5cm 6.5cm×4.5cm	1片 1片
提袋装饰（黄底白点迷你碎布）尺寸不限		1片
咖啡色绣线		少许
"BUY"和"OK"（黄底白点不织布）		少许
魔鬼毡尖毛面	8.5cm	8片
粘贴式圆形魔鬼毡软毛面		数量随意
圆形厚纸板		数量随意

制作方法

1 在贴好薄衬的表布缝上表布装饰，以锯齿状针固定上贴好薄衬的表布装饰提袋，在右边的表布装饰提袋上机缝上提带装饰，并以绣线绣出提把图样。

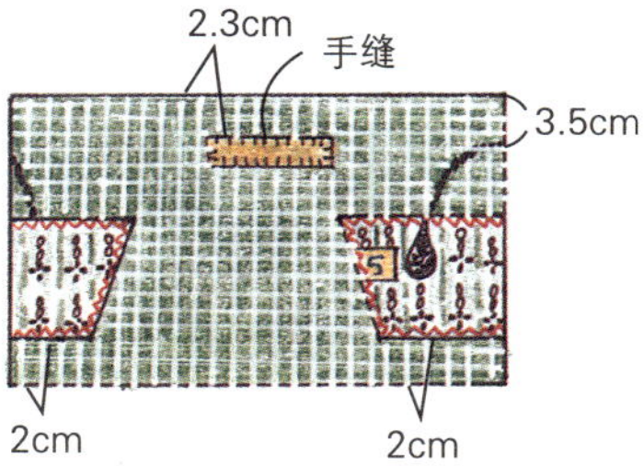

2 制作里布。在贴好薄衬的里布中心处手缝（平针缝）上一道线，缝上"BUY"和"OK"，最后机缝上8片魔鬼毡。

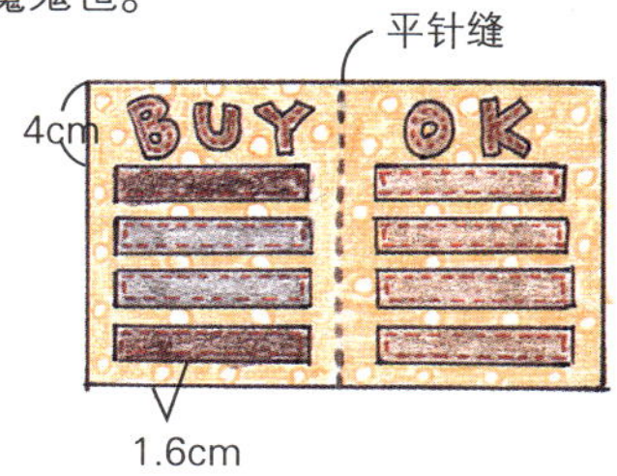

3 表布和里布正面相对，预留6cm返口，机缝一圈。剪去4个角的三角缝份，翻回正面烫平，以藏针缝缝合返口，并压缝一圈。

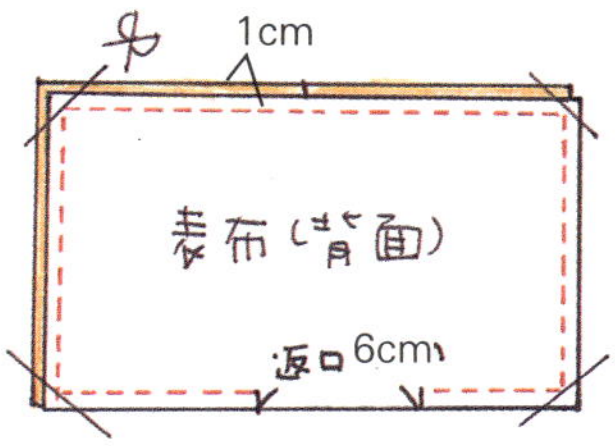

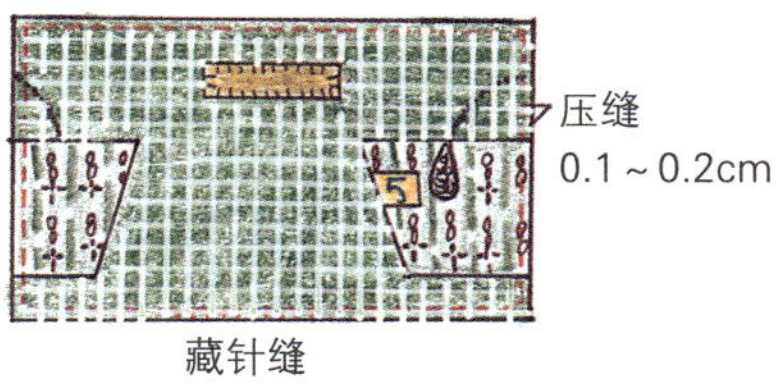

4 将粘贴式圆形魔鬼毡贴在厚纸板背面，将纸板裁成圆形。用刻章、剪贴或手写的方式制作好购物清单即完成。

著作权合同登记号：图字16－2011－023

图书在版编目（CIP）数据

25款预约幸福的手作／小白著．—郑州：河南科学技术出版社，2012.1
ISBN 978－7－5349－5326－2

Ⅰ．①2…　Ⅱ．①小…　Ⅲ．①布料—手工艺品—制作—图解　Ⅳ．①TS973.5－64

中国版本图书馆CIP数据核字(2011)第192310号

出版发行：河南科学技术出版社
地址：郑州市经五路66号　邮编：450002
电话：（0371）65737028　65788613
网址：www.hnstp.cn
策划编辑：刘　欣
责任编辑：刘　欣
责任校对：梁莹莹
装帧设计：百朗文化
印　　刷：北京瑞禾彩色印刷有限公司
经　　销：全国新华书店
幅面尺寸：190mm × 240mm　印张：8　字数：200千字
版　　次：2012年1月第1版　2012年1月第1次印刷
定　　价：29.80元